Las Vegas Inspiration
装饰·拉斯韦加斯

刘凡 编著

中国建筑工业出版社

前言

拉斯韦加斯是一个世界著名的赌城和旅游胜地，它位于美国内华达州的南部，周围是一望无际的沙漠戈壁。要吸引各地游客来这里赌博，需要建造出一个建筑装饰非常别致的奇幻世界。多年来，投资人不断以重金聘请国际最杰出的、最有创意的设计师和艺术家，精雕细琢了一个沙漠中的世外桃源。这里聚集着许多世界最大规模的度假式酒店，这些酒店的设计在建筑和装饰上都保持着完美的一致。每个酒店都围绕着一个主题来设计，并以高超的艺术装饰手法将这一主题表现得淋漓尽致，使建筑本身不但具备功能性，还具有极高的审美价值。酒店的设计无论在功能的布局上、细部材质的处理上、色彩灯光的配置上还是植物园艺的衬托上都毫不马虎，可称得上是精益求精。从圣剑酒店（Excalibur）迪斯尼梦幻般的古堡尖塔，到充满古文明的神秘的卢克索酒店（Luxor），从纽约-纽约酒店（New York - New York）几可乱真的缩小版街景造型、巴黎酒店（Paris）浪漫动人的艾菲尔铁塔，到威尼斯人酒店（Venetian）的威尼斯圣马可广场，您在这里可以跨越时空隧道，同时同地一游世界各地名胜。

在商业模式的进步与商业装饰文化的价值上，拉斯韦加斯赌场度假酒店都堪称世界之先。现代的商业模式比起原始街摊式消费和其后"巨无霸盒子"里的传统百货公司与购物(Mall)式消费，更加强调休闲、放松与享乐的消费感觉。它提供给消费者的不仅是新颖多样的购物休闲方式，更有传统商业无法比拟的优美景观视野及开放的体验消费环境。它迎合了现代人在紧张生活节奏下对缓解压力、释放心情的多种需求，也满足了都市人群贴近自然的愿望，因此这种商业模式迅速风靡全球，并创下惊人的业绩。拉斯韦加斯的每一家赌场度假酒店都很鲜明地体现出这种新的商业模式的特点，每个酒店都选用一种具有典型特征的建筑装饰为主题，或以经典建筑名胜，或以著名城市的建筑风格，或以世界各地民族风情文化，或以热带生态园艺等，千姿百态，

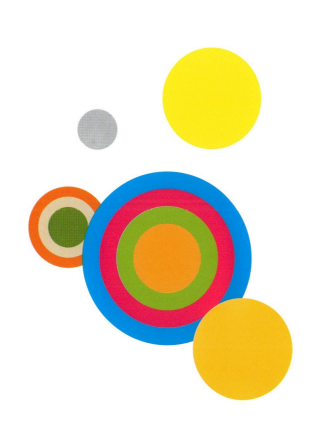
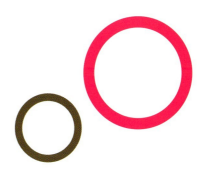

不一而足，各具特色，各放光彩。酒店内设计有植物园、街景、水景、水族馆、动物园等等，您不必踏出酒店半步，就能置身千里之外的异域国度，就能满足娱乐、购物、吃住、观赏等诸多需求。这种新的商业模式将是未来的发展趋势，越来越多的这种模式的商场、购物中心、酒店、度假村将会逐步深入我们的生活。商场将不再仅仅表达"你们来买东西吧！"这样惟一的信息了，酒店也不再仅仅是具有提供睡觉吃饭的功能。拉斯韦加斯赌场度假酒店是这样一种综合的形式，综合性规划包括有赌博厅、餐厅、宴会厅、酒吧、夜总会、商店、戏院、大型游泳池、健身康疗中心、会议中心和展览中心以及一个庞大完善的旅馆。

笔者曾多次走访赌城拉斯韦加斯，每次都有新的感受。不断有新的酒店落成，不断有老的酒店被重新装饰，来迎合当代大众的口味。作为一个非常商业化的建筑群，它们在设计上不可能保持艺术的纯粹性，但在商业与艺术的结合上可以作为一个非常值得借鉴的典范，无论选题创意、视觉表现、功能设计、材料选择还是装饰手法等都值得我们学习与借鉴。本书集中对位于拉斯韦加斯主街道拉斯韦加斯大道（The Strip）两侧的15家酒店作一一的介绍，这15家酒店基本从各个方面代表了赌场酒店的装饰设计风貌。因篇幅有限，对其中永利酒店（Wynn）、百乐宫酒店（Bellagio）威尼斯人酒店（Venetian）、凯撒宫酒店（Caesars Palace）等具有较高评价、较新创意以及装饰设计表现较突出的酒店的介绍会侧重一些。本书采取图片为主、文字说明为辅的形式，目的是将酒店的装饰风格和效果直接展示给读者，以便读者从中得以借鉴与参考，在设计当中获得启迪。

本书在编写的过程中得到了许多室内设计和装饰专家以及中国建筑工业出版社的大力帮助与支持，在此表示衷心的感谢。

地图

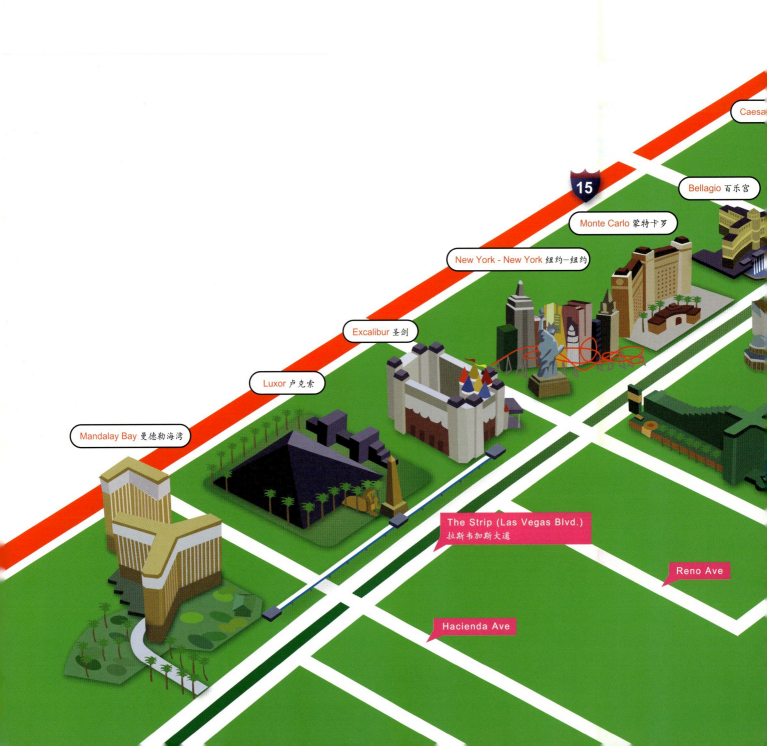

目录

永利赌场度假酒店 WYNN — 011

百乐宫赌场度假酒店 BELLAGIO — 083

威尼斯人赌场度假酒店 VENETIAN — 113

凯撒宫赌场度假酒店 CAESARS PALACE — 141

曼德勒海湾赌场度假酒店 MANDALAY BAY — 159

好莱坞星球赌场度假酒店 PLANET HOLLYWOOD — 183

米高梅赌场度假酒店 MGM GRAND — 193

巴黎赌场度假酒店 PARIS — 203

幻影赌场度假酒店 MIRAGE	09	215
纽约—纽约赌场度假酒店 NEW YORK- NEW YORK	10	229
宫殿赌场度假酒店 PALAZZO	11	241
金银岛赌场度假酒店 TREASURE ISLAND	12	249
圣剑赌场度假酒店 EXCALIBUR	13	259
卢克索赌场度假酒店 LUXOR	14	265
蒙特卡罗赌场度假酒店 MONTE CARLO	15	275
霓虹灯与街景 NEON LIGHT & STREET VIEWS	16	283

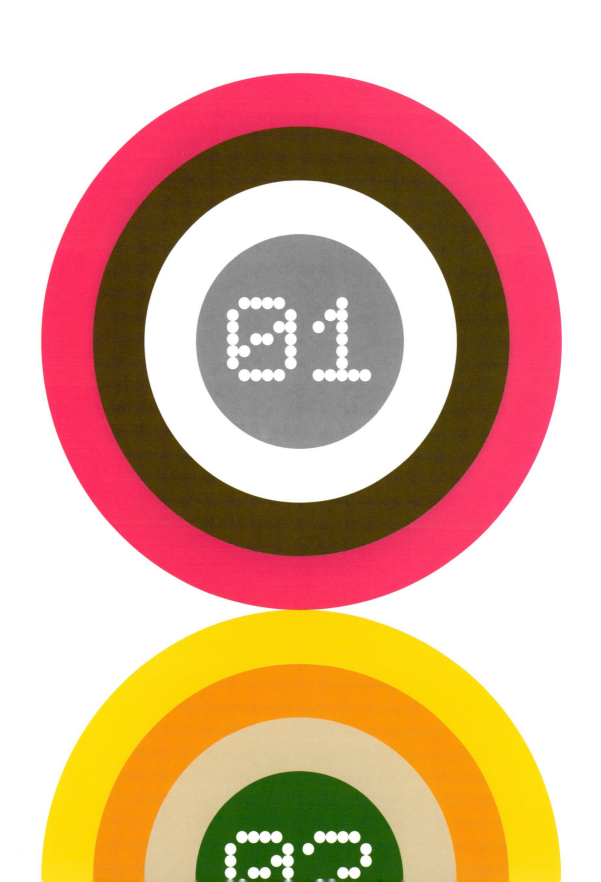

WYNN

永利赌场度假酒店

永利赌场度假酒店历时5年建成，耗资27亿美金。酒店的拥有者史缔夫·永利（Steven Wynn）亲自参与设计，并以自己的名字命名酒店。2006年4月28日开业后，成为拉斯韦加斯大道（The Strip）上最有设计想像力的度假酒店，也是全球造价最昂贵的酒店之一，它的每个细节都体现了舒适和方便。这个占地217英亩（1英亩=4046.8平方米）的酒店拥有一座18洞的高尔夫球场和3英亩的人工湖，在入口处有树木覆盖的人工假山和瀑布。其主建筑是一个以金色玻璃包裹着的50层弧形大厦，酒店有2716个客房、22个餐厅和45个水疗（SPA）设施。酒店最小的客房也有630平方英尺（1平方英尺=0.0929平方米），客人从客房的每扇落地大窗都可看到窗外拉斯韦加斯大道的街景和人造假山、人工湖及高尔夫球场的景致。

从这家耗资巨大的酒店我们可以感受到酒店未来发展的新趋势。在拉斯韦加斯，大型酒店几乎都是度假型的赌场酒店，目的是给游客提供一个在度假期间集吃、住、玩和购物为一体的场所。酒店要留住客人，就要创造出一个让客人感到非常舒适、非常放松的环境。在这里我们可以看到酒店没有用贴金镶银来展示装饰的奢华，而以精巧的设计、优美的装饰线条、合理的材料搭配和非常讲究的色彩、灯光效果来创造美轮美奂的视觉效果，达到让观者耳目一新的感觉。在设计中运用了大量的布艺、地毯、织物等软性材料来柔化环境。大量暖色的应用和大面积的植物花卉的点缀加上柔美、女性化的处理手法，让客人从视觉上感到体贴、舒适、温馨，这是永利酒店想带给客人的感觉，整个酒店的设计也是以这个理念来主导的。

我们可以看到大量花卉图案被运用在顶棚、墙壁和地毯的装饰上，装饰手法不同于传统的古典风格，在色彩和装饰风格的表现上有很强的新意，装饰性很突出，色调明快，给人轻松、清新、赏心悦目之感。装饰的主色调为深褐、红、黄、乳白等暖色。我们可以从史缔夫·永利（Steven Wynn）最喜爱的毕加索的作品《梦》（Le Rêve）中找到永利酒店的色彩设计元素。酒店曾设想以Le Rêve作为酒店的名字，后来改为永利（Wynn）。

客人进入到光亮的大堂通道，可以看到两旁排列着绚丽多彩的花卉植物，大厅巨大的透光玻璃下两排大树让客人犹如置身于

深褐、红、黄、乳白色系

毕加索的作品"Le Rêve"

林荫道上。树上装饰了很多巨大的花球，这种装饰手法很自然，但在视觉上很新颖。地面同立柱以菱形图案装饰，犹如花园格架一般。大理石地面部分嵌入了色彩鲜艳的陶瓷锦砖（马赛克）花卉图样，手法不同于传统的陶瓷锦砖拼图，不讲究对称性，也不采用花边图案，而是随意性地出现在走道中间、电梯门边和花坛边，仿佛花瓣撒落各处，又像是现代写意画为各处点缀。顶棚上也以植物花卉为主调，图案突出，颇有立体感和现代感，装饰手法简单但很出效果。灯盘以及墙面顶部采用金底色，同样也用植物花卉的图案来装饰。地毯以红色为底色，也采用同种花纹来呼应。墙角装饰线采用装饰性强的古典风格，线条柔美，白色素雅。从顶面到墙面到地面均以暖色为主基调，顶部处理以深褐色和深红色为底色，穿插白色的装饰线条。顶灯的设计像倒挂的洋伞，有些奇幻世界的氛围。在这里人们不时还可以欣赏到史缔夫·永利（Steve Wynn）个人珍藏的伦伯朗（Rembrandt）、雷诺阿（Renoir）、莫奈（Monet）和 毕加索（Picasso）等大师们的原作。

餐厅酒吧是丰富多彩的，有经典的法国大餐The Alex，有地道的美国牛扒Sw Steakhouse，有每天从欧洲空运来的海鲜Barolotta Ristorante Di Mare。购物方面，这里有世界顶级的精品卡地亚（Cartier）、迪奥（Dior）、路易·威登（Louis Vuitton）和香奈尔（Chanel）等品牌。还有顶级名贵跑车法拉利（Ferrari）和玛莎拉蒂（Maserati）车行。球形剧院正上演着一个由Franco Dragone导演的"水之梦"（Le Rêve），名字来自史缔夫喜爱的毕加索的作品《梦》（Le Rêve）。

酒店大致可以分为四个区域，第一个区域包括南北入口到Parasol up 和Parasol down以及梦之湖和Esplanade商业区，这一区域是几个主要入口人流交汇区域，是酒店的大堂或者说是前厅。前台登记处和大部分商店集中在这个区域。向后第二个区域是赌场区域，酒吧和餐厅主要集中在第一和第二区域。再后面第三个区域是客房及商务会议区域，戏院坐落在这个区域一角，酒店的游泳池设在这个区域中央。第四个区域也就是酒店的最后面，是一个拥有18洞的大型高尔夫球场。

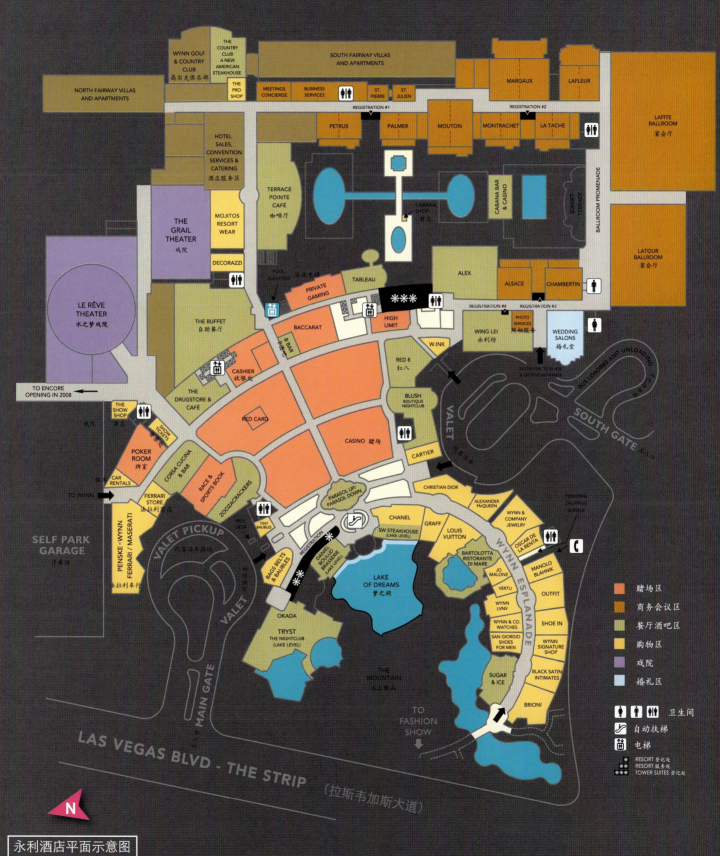

永利酒店平面示意图

从整体的平面布局可以看出前面的建筑规划是围绕着一个同心圆设计的，走廊的圆弧同主体的圆弧形大厦都在圆形轨道，圆的中心包裹着一个3英亩的人工湖和人工假山

从拉斯韦加斯大道上看永利酒店，跨过过街天桥可通往Fashion Show Mall购物中心

史缔夫·永利 Steve Wynn

史缔夫·永利在纽约州的尤蒂卡（Utica）长大，1963年父亲去世后开始经营家族在马里兰州的彩票生意，1967年迁往拉斯韦加斯并用积蓄买下了Frontier Hotel and Casino的一部分股份。1971年史缔夫把所有资金投注位于旧城区的金渣酒店（Golden Nugget），同时也拥有位于新泽西的大西洋赌城的金渣酒店。史缔夫重新装修和扩充了酒店，并把酒店经营得很成功，从而吸引了大量游客到拉斯韦加斯旧城城区。1989年幻影酒店（Mirage）开张，作为一个贴近自然、保护自然概念的赌场酒店，幻影酒店以其高品质的客房设备和优质的服务赢得了成功。这是他第一个参与设计和建造的酒店。高达6.3亿美元的营造费在当时被认为是一项冒险的投资，但很快史缔夫的成功就改变了人们的看法。史缔夫接下来的一个项目是金银岛酒店（Treasure Island），耗资4.5亿美元，已于1993年开张，位于幻影酒店旁边。1995年史缔夫开始建造他的豪华概念酒店百乐宫（Bellagio），用了16亿美元，修建了安装有世界最大的音乐喷泉的巨型人工湖和巨型玻璃温室花园，并引进了许多来自巴黎、旧金山、纽约的顶级古董精品店。建筑设计邀请了世界最著名的捷得设计事务所（The Jerde Partnerships）。一系列酒店经营的成功使他逐渐成为拉斯韦加斯历史上的重要人物。

2000年6月，幻影酒店以66亿美元卖给了米高梅赌场度假酒店（MGM Grand），史缔夫用这笔资金建造了他的最昂贵的永利赌场度假酒店（Wynn Las Vegas）。同时史缔夫还成功地在中国澳门建造澳门永利赌场度假酒店（Wynn Macau），并于2006年9月5日开张。史缔夫喜好收集很多艺术珍品，其中包括塞尚、高更、凡高、马蒂斯、毕加索、安迪·沃霍尔（Andy Wahol）和维梅尔（Johannes Vermeer）的作品。收集的名画中最为重要的是毕加索的女子肖像画《梦》。1997年他以4800万美元买入此画，2006年以1.39亿美元卖给了 Steven A. Cohen，创当时艺术品最高价。关于此画还有一个背景是史缔夫曾经想把永利酒店取名为Le Rêve。现在酒店上演的一个以水为主题的梦幻演出就以此命名。

史缔夫·永利的成功让我们看到了赌场酒店设计及运营的成功模式，让我们欣赏到了他丰富多彩的想像力和创造力，也让我们见识到艺术与商业完美结合的精彩实例。

ESPLANADE

路易·威登（LOUIS VUITTON）专卖店橱窗

ESPLANADE是永利酒店的购物区，也是拉斯韦加斯大道（The Strip）通往酒店大堂的步行通道。这里汇聚着世界最顶级的品牌：香奈儿（CHANEL）、迪奥（DIOR）、路易·威登（LOUIS VUITTON）、卡地亚（CARTIER）、奥斯卡·德拉伦塔（OSCAR DE LA RENTA）、BRIONI和VERTU。走过The strip道旁的电子广告标牌，跨过一座桥就来到ESPLANADE门前，入口处布置有树木覆盖的人工假山和瀑布。人工瀑布有180英尺（1英尺=0.3048米）之高，潺潺流水、曲径通幽，把客人从闹市带入幽静。顺着顶部透光的弧形走廊前行就进入购物区，走廊两侧多是名品店，其中有一家叫Bartolotta的意大利海鲜餐馆和一家名叫Sugar&Ice的咖啡厅。其装饰风格为新古典，色彩以暖黄色调为主，地毯为红色。拱形顶部用透光玻璃增加采光，吊灯的造型很优雅，像巨大的白色花朵悬挂在空中。走廊用弧形连接主建筑形成一个半圆弧。从整体的平面布局可以看出所有的建筑设计围绕着一个同心圆，走廊的圆弧同主体的圆弧形大厦都在圆形轨道上。ESPLANADE入口大门的扶手很有装饰味道，镀金色在黑漆门上很显眼。入口处路桥上的白色路灯在环境中很跳跃，在夜晚和白天也起到指引道路的作用。

入口处路桥上的白色路灯在环境中很跳跃,具备夜晚照明功能的同时白天也起到道路指引的作用

人工瀑布有180英尺之高,潺潺流水、曲径通幽,把客人从闹市带入幽静

ESPLANADE入口大门扶手金色造型很有装饰味道,在黑漆门上很显眼

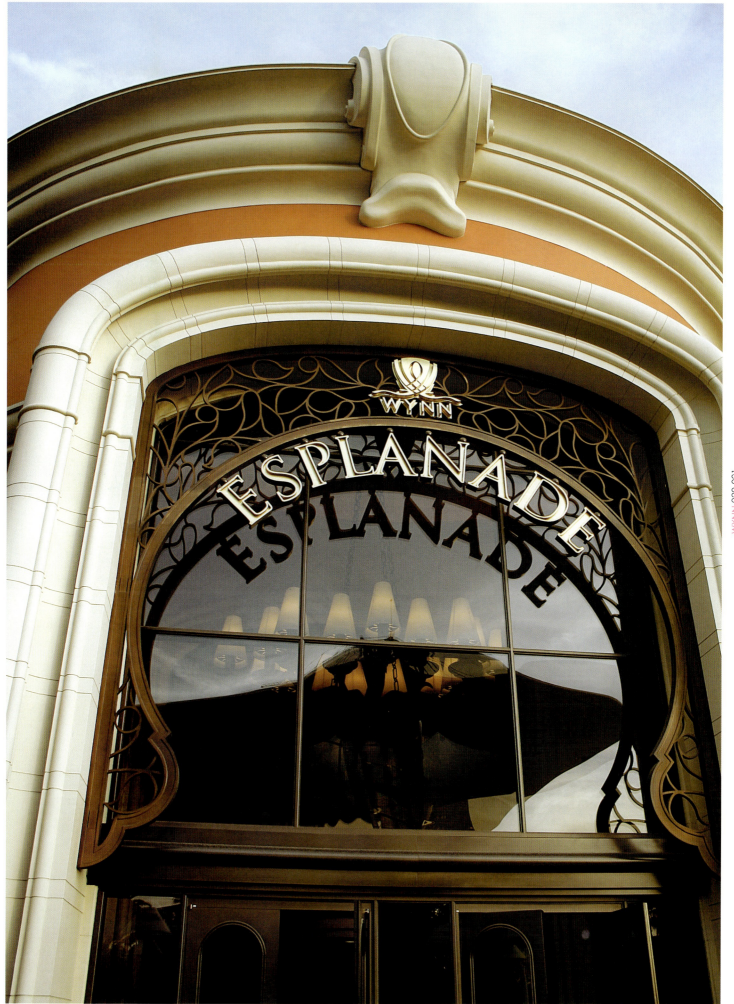

ESPLANADE入口大门上方的黑色铁艺装饰的金字招牌设计来源于传统的铁艺大门装饰，门套的处理也有别于传统的式样，很有些新意

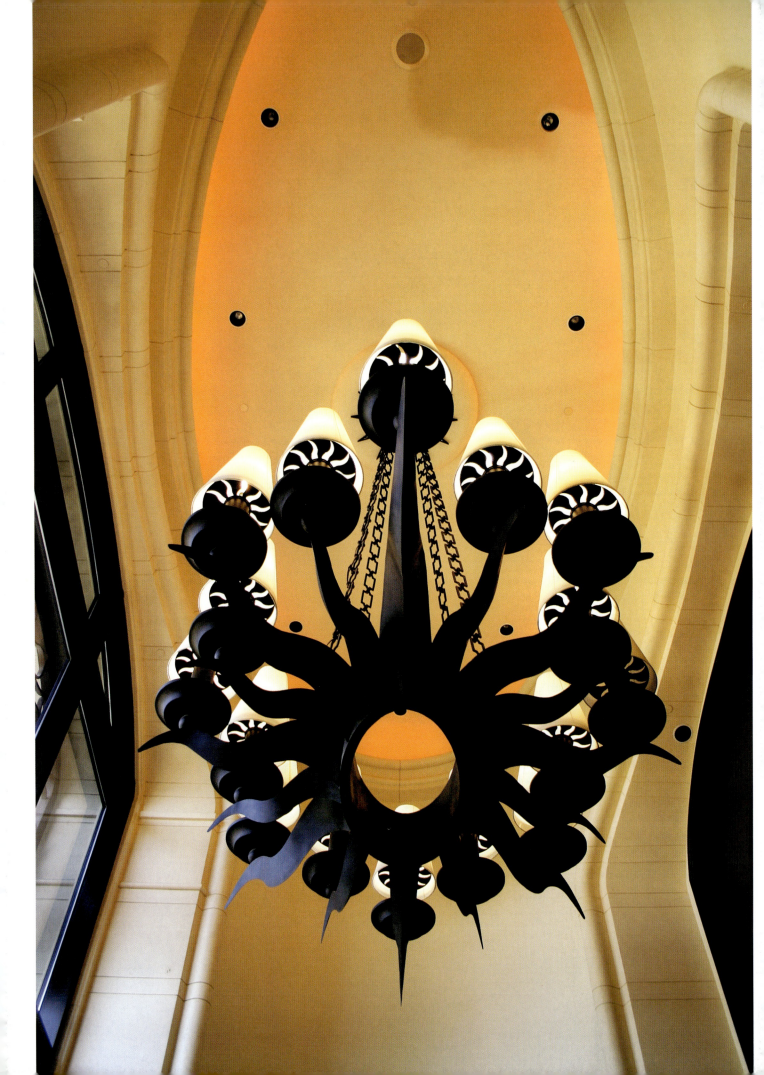

巧克力专卖店

Wynn LVNV 家具装饰品专卖店

Bartolotta意大利海鲜餐厅

Sugar&Ice咖啡厅的墙壁以很多大小各异的精美挂钟为装饰，其中三个圆形的玻璃窗也被装饰为挂钟。黄色的墙体同红色的立柱、红色的餐椅再加上深褐色的窗框角线让整个装饰统一在一个暖色调中。后阳台邻水，客人可坐在红色的阳伞下，品味着咖啡，聆听着不远处瀑布的流水声。门口乳白色的装饰遮阳幔上嵌了许多金色的花朵，幔边的吊穗，加上橱窗墙面金色格线让整体风格显得精巧、柔美和高贵。门口墙上的金属壁灯也很别致。

走廊中间有几个椭圆形缓冲空间，顶部为圆拱形穹顶，顶端圆洞来自于古罗马万神殿的灵感，穹顶用布艺装饰，好像撑起的一把巨大的华盖。中间竖立广告指示功能的金顶圆柱亭。在椭圆形缓冲空间同透光走廊的衔接处装饰着幔帘来分隔空间。这种软性装饰材料在这里运用得非常多。两边分别是迪奥（Dior）和GRAFF珠宝店的橱窗

W.INK是一家眼镜与书写工具的精品店,这里有限量版的笔和豪华版的太阳镜。以手写体字迹做装饰背景墙体现出商店的特质

位于酒店主入口处的Bags Belts & Baubles 是一家经营皮具、晚装手袋、手饰珠宝、太阳镜和时尚配件的精品店。品牌拥有一群最让人渴望的设计师:Lambertson Truex, Bottega Veneta, Nancy Gonzalez, Anthony Nak, Michael Dawkins, Yossi Harari, Oliver Peoples 和 Adrienne Landau。门口以手袋造型作标牌,两侧以橱窗和装饰窗装饰,黑色框边并饰以金线,显示高贵气派

PARASOL UP/ PARASOL DOWN 阳伞上/阳伞下区域

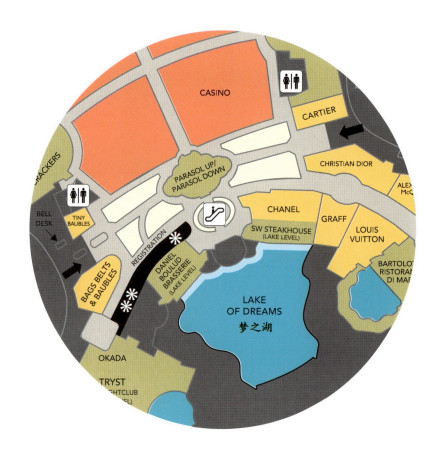

Parasol Up/Down区域到南北两个入口之间都是林荫道，树上垂挂的花球在视觉上格外出效果。客人进入酒店的感觉像是来到了植物园。鲜艳夺目的花卉，加上在大理石地面嵌入的五颜六色的陶瓷锦砖（马赛克）装饰拼花使环境更加清新亮丽。玻璃透光顶带来明亮的采光，使这一区域像是玻璃花房一样。顶部处理手法简单新颖，白色基调点缀着有着浮雕感的花卉图案，与地面的陶瓷锦砖花卉装饰图案相呼应。吊顶边缘以曲线花形收口。地面大理石的菱形图案与柱子上大理石陶瓷锦砖菱形图案一致，登记处的隔窗也采用菱形图案，有花架的韵味。除此之外所有的曲线都是圆弧状，在视觉上达到和谐统一。无论是南北入口还是Esplanade和Casino区域，都在酒店的中心之处Parasol Up/Down交汇。这里是酒店最精彩之处。

Parasol 在英文里是阳伞的意思，Parasol up 和Parasol down是两个酒吧的名字，阳伞上和阳伞下酒吧。这里是酒店各个方向人流最密集的地方，也是南北两个入口的交汇处，同Esplanade通道相衔接，酒店入住登记服务处也在这个区域。向西面临梦之湖，向东面是赌场区。在这个酒店的中心区域有一个上下两层相通的开阔空间。靠近梦之湖这一面是巨大的玻璃幕墙使楼上楼下都可将湖景尽收眼底。Parasol up酒吧在楼上，Parasol down酒吧在楼下。Parasol up 酒吧坐落在各通道的中心，四面通透，像是设在交叉路口中间的凉亭，金色的螺旋花式围栏和幔帘分割开酒吧和外界的空间，吊灯的设计式样很别致，同环境很协调。从楼上可通过两个旋转自动扶梯通往楼下的Parasol down酒吧。Parasol up 和Parasol down除了有楼上楼下之含意外，还有颠倒阳伞方向的含义。大厅的顶棚上有许多倒挂着的形态各异的装饰阳伞，这些阳伞不仅是装饰，还是一盏盏吊灯，给大厅提供照明，它们不时地缓慢自动旋转升降，增加动感。楼下Parasol down酒吧装饰阳伞是正立的。阳伞用框架绷布做成，大

多采用明艳的红黄色，边缘装饰些吊穗，金色的装饰花线把阳伞装饰得更精美，像是皇家的华盖。顶部分了三级吊顶，为椭圆形，带些浮雕感的装饰花线同阳伞上的装饰花线一致。顶部的色彩是白色，整个门厅通道都保持一致。墙面淡黄色，两侧同玻璃幕墙用深色的宽边门套装饰，玻璃幕墙两侧用幔帘装饰。楼下除Parasol down酒吧外还有SW Steakhouse 牛扒屋（2007年度被拉斯韦加斯《生活》杂志评定为拉斯韦加斯最好的牛扒）和Daniel Boulud Brasserie法式啤酒餐馆。在玻璃幕墙外还有一个宽大的露台伸向湖里，露台也是Parasol down酒吧的一部分，湖对面是一个巨大的人工水幕。

酒店入口处的林荫道

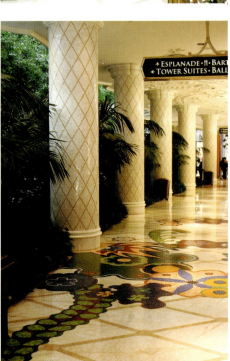

各入口通道汇集在阳伞上酒吧（Parasol up），这一区域犹如植物园，阳伞上酒吧好像植物园中的凉亭

酒店入口处的林荫道，地板上鲜艳的镶嵌拼贴装饰丰富了环境的色彩

Parasol up 酒吧别致的吊灯

Parasol up 酒吧

Parasol up 酒吧 招牌

Parasol up 酒吧内景

大厅的顶棚上好像是倒挂着许多形态各异的装饰阳伞，阳台边是Parasol up 酒吧。下面是Parasol down酒吧。顶部分了三级吊顶，为椭圆形，色彩是白色，带些浮雕感的装饰花线同阳伞上的装饰花线保持一致。自动转角扶梯可带你去楼下Parasol down酒吧、SW Steakhouse 牛扒屋和Daniel Boulud Brasserie法式啤酒餐馆

大厅中间悬挂着形态各异的阳伞,阳伞用框架绷布做成,大多采用明艳的红黄色,边缘装饰些吊穗,金色的装饰花线把阳伞装饰得更精美,像是皇家的华盖。这些阳伞不仅仅是装饰,还是一盏盏吊灯,给大厅提供照明。

大厅楼下玻璃幕墙外的宽大的露台,这里是Parasol down酒吧的露天咖啡座,正对着巨幅水幕。四周绿树环绕

MOSAIC 马赛克（镶嵌装饰）

马赛克作为镶嵌装饰的表现手法早在古罗马时代就被运用到建筑装饰上，拜占庭时期也被广泛地运用在教堂建筑装饰上。马赛克特有的装饰效果受到许多设计师的青睐。永利酒店的马赛克运用非常出彩，亮丽的花卉图案的马赛克拼图丰富了整体环境的色彩。如果没有这些马赛克拼图的装饰，只有菱形条纹的大理石地面会显得有些呆板。马赛克在这里运用的手法不同于传统的马赛克拼图，它不讲究对称性也不采用花边图案，而是看似随意性地以花卉的形状重叠组合出现。走道中间、电梯门边和花坛边，仿佛花瓣撒落在各处，又像是现代写意画为各处点彩。马赛克本身色彩就很鲜艳，设计者多选用大面积的纯色色块，用比较现代的花卉装饰图案和圆形、弧形线条来表现，让观者眼睛为之一亮。马赛克镶嵌主要用在花园式的主通道及酒店Parasol up 和Parasol down中心区域。

繁花似锦的马赛克拼图把走道装扮得光彩夺目

每块的拼贴图案设计都不一样,线条与色块的处理手法非常现代,运用了很多对比色,用色大胆,但又很协调

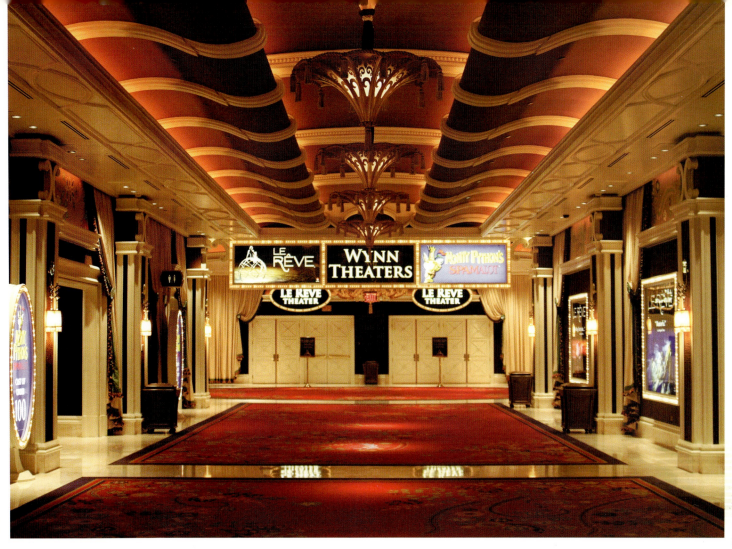

从Parasol up和Parasol down向东是酒店的赌场Casino区，区域周边是些酒吧、餐馆以及分类的小型赌场。连接各个区域及通向客房、商务会议区和戏院的是一条条长长的通道，这些通道的设计十分讲究，总体风格非常统一。深褐、红、黄、乳白色系为基本色，顶部为深褐色底涂料，墙面用深褐色的特殊布纹肌理的墙纸。所有的装饰线为乳白色，顶部做一级吊顶井字格装饰，边缘内嵌灯槽并以乳白色装饰线收口。顶部两边用白色木板做出半米宽装饰边，内置射灯。中间吊灯仍设计成倒挂的阳伞形，吊穗装饰。方形立柱以白色装饰线收边，立柱两侧垂挂装饰幔帘。墙体上缘用金色底的花卉图案装饰，与地毯和陶瓷锦砖（马赛克）镶嵌的装饰图案一致。顶部两侧的装饰边与侧墙空隙形成一个灯槽，两侧走幔帘。幔帘之间是一个装饰墙壁，墙边摆设沙发坐椅、矮柜、小饰品、镜子以及各类灯具等，给客人带来居家式的温馨感。地面仍是浅黄色大理石，中间铺红色底花卉图案的地毯。

靠近赌场边和戏院走道的部分顶部处理有些不同，在顶棚与两侧白色木板装饰边之间，做了一个像是屋檐一样的圆弧形造型，这样顶部两侧白色木板装饰边的内藏灯与曲线形檐边靠墙一侧形成一条光带，曲线形檐边靠中间一侧上部藏灯同顶棚又形成一条光带。横向的白色装饰线勾勒出檐边的曲线造型，纵向排列的白色装饰线从远处望去像是一层层波浪，增加了整体装饰的韵律感。

赌场区的走道以及周围的餐厅Ter

赌场区周边走道

通道两侧墙面的装饰

靠赌场边的走道以及Red 8（红八）餐厅靠走道的包间，布幔与金色围栏形成相对私密空间。金色围栏采用中式装饰图案，在空间上同走道巧妙地分开。整体的装饰风格都很近似，但也存在着细微的变化

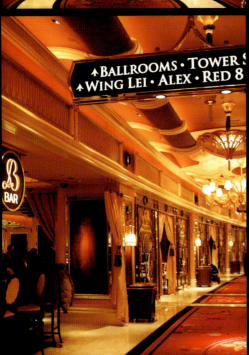

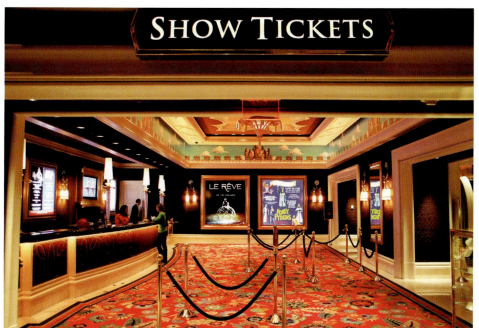

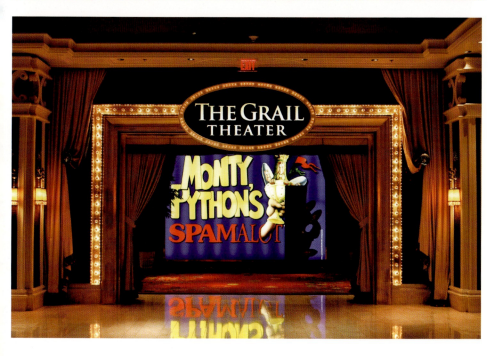

DINING & BAR 餐厅酒吧

餐厅酒吧在这里是丰富多彩的，有经典的法国大餐The Alex，有地道的美国牛扒Sw Steakhouse，有每天从欧洲空运来的鲜鱼Barolotta Ristorante Di Mare，有日式餐吧Okada，有中国广式面点和港式烧腊的Red 8（红八）餐厅，还有融合了广东、上海和四川菜的中式餐厅永利坊（Wing Lei）。中式餐厅的设计都运用了中国元素，在色彩运用上也以中国传统上喜爱的黑、红和金黄色为主。

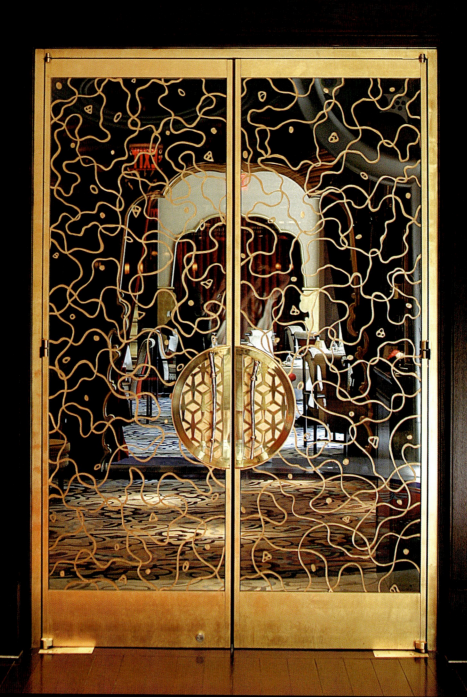

融合了广东、上海和四川菜的中式餐厅永利坊（Wing Lei）

Red 8（红八）餐厅

Corsa 餐吧

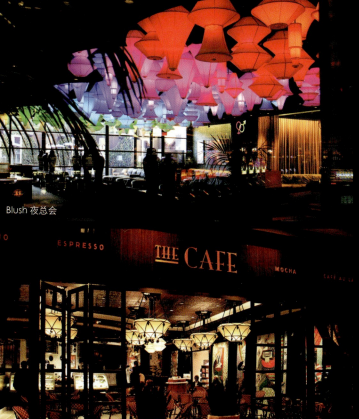

Blush 夜总会

The Cafe 咖啡厅

The Buffet 自助餐厅

永利酒店自助餐厅的设计像是把客人带到温室里的花棚架下。大厅采用拱形木架玻璃透光顶，方形柱饰以简单木线条装饰线，色彩以淡橘黄色和淡绿色为主，显得清新淡雅。几个用花和瓜果装饰出的灯架非常有效果，让室内充满了五颜六色的自然色彩。地毯在深棕底色上跳跃出鲜亮的粉红、淡绿和淡黄这些可以在椅背、墙壁和鲜花上找到呼应的色彩。门套、地角、装饰线以及花架等都采用淡绿色。

餐厅主色调

The Buffet 自助餐厅大厅及门口

南入口门厅

酒店在灯具的设计上也是很用心思的、从吊灯到壁灯都各具特色，不同的空间环境所选用的灯饰是不同的，灯光统一都是暖色的

北入口停车道

北入口停车道前的雕塑

Tower Suit 大堂前的小玻璃顶花园

花园通往Tower Suites 大堂入口

赌场大厅一角

法拉利车行

Red 8（红八）餐厅靠通道一角

Tower Suites 登记处

酒店登记处顶棚与吊灯

走廊一侧

Tower Suites 登记处入口

北入口门厅

客房电梯间

大堂电梯口

| 公共卫生间 | 壁龛装饰 | 电梯间墙壁装饰 | 走廊顶灯 |

| ESPLANADE走道顶棚吊灯 | 壁灯 | 壁龛装饰 |

水之梦演出剧照　　　小型赌博室门厅　　　公共卫生间门厅

橱窗　　　吊灯　　　永利自助餐厅招牌

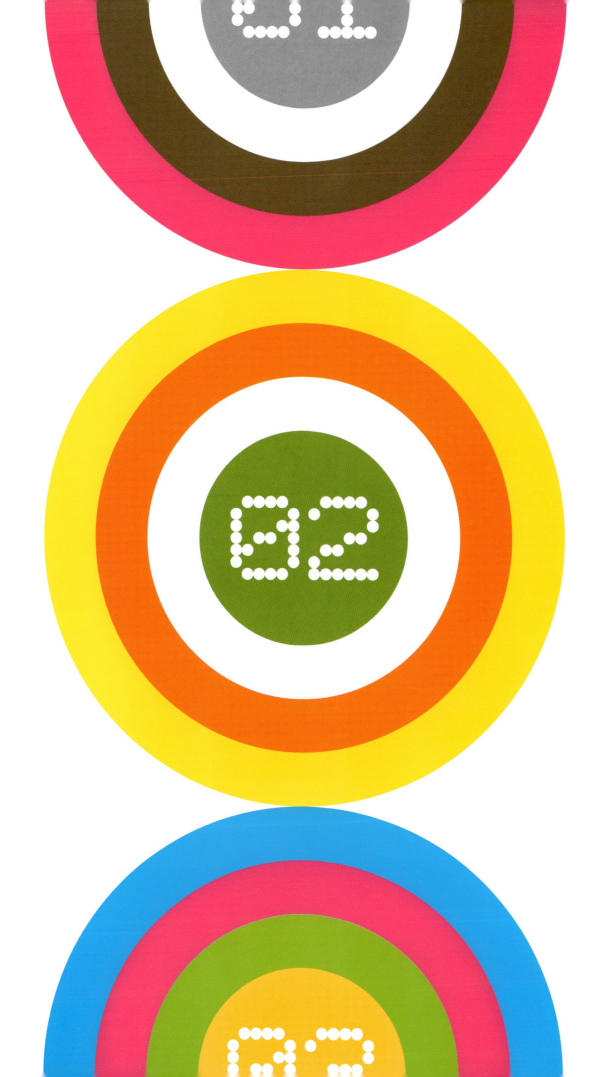

BELLAGIO

百乐宫赌场度假酒店

百乐宫赌场度假酒店占地125英亩，建筑面积55万平方米，其中酒店24万平方米（36层高、3933间客房），还有12000平方米的赌场、1300平方米的美术馆和一个容纳1800观众的剧院。酒店造价18亿美元，设计者为著名的美国捷得国际建筑师事务所（The Jerde Partnership）。

1995年动工，1998年10月15日运营，它为赌城增添了一分高贵不俗的形象。这是世界上最为奢侈豪华的饭店之一，比起其他酒店，百乐宫像是赌城的贵族。百乐宫赌场度假酒店名字取自意大利北部小镇博拉吉欧（Bellagio），它位于历史名城米兰北方40公里的科莫湖畔（Lake Como）。那里犹如世外桃源，有美不胜收的花园，碧蓝的湖水，以及丰富的鱼产，白雪覆盖的阿尔卑斯山脉，色彩艳丽的地中海式建筑，古色古香的卵石街道，等等。

百乐宫酒店的设计意图就是把这湖光山色的美景和酒店融为一体，在这里人们可以看到充满奇异花卉的玻璃穹窿顶大花园，古罗马式的拱型柱廊；欣赏到彩绘穹顶、格状顶部装饰、锦砖拼贴（马赛克）地面墙面装饰等精美优雅的意大利建筑装饰艺术。博拉吉欧的湖光山色被提炼到酒店的设计主题里，花园式的休闲加上意大利式的精美设计艺术造就了豪华与舒适的环境，于是，非常商业化的建筑被融入到了艺术化的自然环境之中。

酒店前是8英亩大的人工喷水池，这个著名的音乐喷泉可能是世界最大的，投资4000万美元。有一个容量50万加仑的水箱，1175个喷水头，可喷射240英尺高。6200盏灯在晚上将婆娑的水舞照射得更加浪漫多姿，水、音乐、灯光巧妙地交织在一起，形成百乐宫酒店门前的一道风景线，让你在品味歌剧、古典艺术和百老汇音乐的同时，感受到这随着不同音乐节奏舞动的水上奇观所带来的震撼。游客可以从湖的两侧环道进入酒店，南面入口为主入口，北侧可以走精品廊通往凯撒王宫赌场度假酒店。蓝色的古罗马卷草形装饰的铁艺应用在很多地方：入口处的遮雨篷架和旋转门的装饰，植物园四周拱形门廊上装饰，花坛围栏的装饰等，给整齐氛围带来丰富的材质和色彩，让人感到轻松与自然。酒店的整体色调以淡黄色系为主，门窗墙体、顶棚和地角的装饰线均为木质白色，明快、阳光、温暖、舒适、优雅与高贵是带给客人的感受。

百乐宫酒店外观

百乐宫酒店外观夜景

酒店主入口两侧花坛

酒店主入口遮雨篷

酒店主入口装饰彩绘

酒店主入口外景

大堂顶棚上五颜六色晶莹剔透的玻璃花

Steve Wynn started talking to me about the ceiling at the Bellagio long before construction even began. He wanted me to make a pectacular piece in the lobby of the hotel that would rival the aquarium at the Mirage, and generate more interest. Back in Seattle, we built the entire seventy-by-thirty-foot ceiling, full-scale, at my studio. The commission, as contracted, called for a whole new armature type and about a thousand new flowers. Steve visited several times, loved it, and wanted even more glass. Finally FIORI DI COMO was installed with over two thousand handblown glass elements.

史缔夫-永利在百乐宫建造之前就开始同我谈论这个顶棚的构想，他想在酒店大堂的顶棚上做一个可以同幻影酒店的水族相媲美的装饰，并更具吸引力。回到西雅图，我们在工作室开始做了一个等比例的70英尺X30英尺的顶棚。在上面做了大约1000朵玻璃花。史缔夫来看过几次，非常喜欢，并且想再多些玻璃花，最终FIORI DI COMO安装了超过1000个手工吹制的玻璃花形制品。

—Chihuly

酒店大堂内景

大堂上方迎接客人的是由2000个鲜艳多彩的手工吹制的玻璃花组成的吊顶，一个个荷叶状彩色玻璃花形成一个30英尺 X 70英尺的荷塘，仿佛一池的荷叶倒挂在顶棚上，荷叶五颜六色晶莹剔透，被顶棚上的顶光照射得色彩斑斓。这件世界最大的玻璃艺术作品，是由著名的艺术家（Dale Chihuly）为百乐宫制作的，大厅因此被Las Vegas Review-Journal报选为1999年最漂亮的酒店大厅。大厅的右侧通往赌场，经典的石制楼梯扶栏分隔开两个区域。大堂的色彩基调与酒店一致以淡黄色为主，装饰线条为白色。明快的色调体现出意大利式阳光明媚的健康环境。门厅左侧是接待台，其设计也很别致：后面是开放式的中庭，拱形柱廊形成五个门洞，透出光亮的的花园庭院，垂吊的装饰花球、人工大蝴蝶状的拱柱回廊、花坛中的郁金香，这一切营造出了一个写意的空间，让客人在住进酒店前就感受到自然的浪漫与舒适。

玻璃顶花园内景

温室植物园位于大厅正前方，巨大的玻璃顶棚使充足的阳光射进14000平方米的温室植物园。植物园四周采用的是同一风格的拱形门廊，门头采用半圆扇形卷花铁艺装饰，拱门之间以塔司干柱式（Tuscan Order）支撑，这是古罗马建筑中常用的经典柱式简化多立克柱式（Doric Order）的新柱式，没有过多的装饰。接待台以及走廊的立柱也采用同一风格。花园是酒店的主要活动场所，四周有Michael Mina、Café Bellagio等餐厅。南侧是SPA健身中心，这里有个挑空缓冲空间，顶部为彩云鲜花的彩绘，地面为拼花大理石。铁艺与水晶的吊灯、铁艺花式栏杆、拱形装饰门窗等装饰点缀都以圆弧形为主，展现柔美基调。植物园根据不同季节变换不同风格的装饰，在中国的春节期间还采用中国文化元素来装饰。中国园林的亭台楼榭、假山、竹林、盆景也被放在植物园中。

传统风格的陶瓷锦砖铺成的花园内步道

花园南侧大厅顶棚上的彩绘和华丽的吊灯

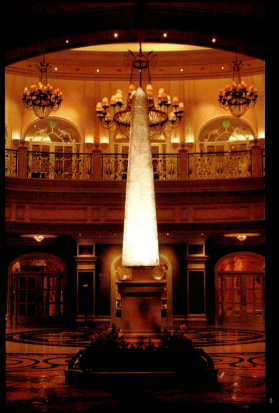

花园南大厅SPA健身中心灯光效果

走道的装饰与配色非常考究,灯具采用威尼斯玻璃艺术灯,墙面用白色的装饰线和墙布装饰

购物区通道采用拱形透光玻璃顶棚,装饰铁艺花架,使环境显得美观而明亮

购物区通道转折处用吊花装点的穹顶

一家巧克力店口独具匠心的设计吸引很多购物者，不同配料的巧克力在向下流动中相互融合，变换着不同的色彩

百乐宫商店走廊

百乐宫的策划者也是永利赌场度假酒店的拥有者史缔夫·永利（Steven Wynn），他的名言是"只要盖得好，客源不用愁"（Build it and they will come），这句话体现在他的酒店建造和经营理念上。他的所有设计都是为了让客人感到舒适，感到享受。酒店的设计邀请了美国最成功的商业建筑设计事务所——美国捷得国际建筑师事务所（The Jerde Partnership）来设计。史缔夫称赞Jon Jerde是我们这个时代的贝尼尼（Bernini），他设计的建筑是我们这个时代的教堂，代表着建筑的未来。

购物区商店包括阿玛尼（Armani），香奈尔（Chanel），迪奥（Dior），古琦（Gucci），爱玛仕（Hermes），弗莱德·雷顿（Fred Leighton），莫斯奇诺（Moschino），普拉达（Prada）和蒂芙尼（Tiffany & Company）等。Tesorini是专卖各类名表的珠宝店。

美术馆陈列了很多大师的艺术品，其中有文森特·凡·高（Vincent van Gogh）、克洛德·莫奈（Claude Monet）、爱德华·马奈（Edouard Manet）、皮埃尔·奥古斯特·雷诺阿（Pierre-Auguste Renoir）、保罗·塞尚（Paul Cezanne）和亨利·马蒂斯（Henri Matisse）等印象派画家的名作。还有米罗（Joan Miró）、毕加索（Pablo Picasso）、费尔南德·莱热（Fernand Léger）、阿米地奥·莫迪里阿尼（Amedeo Modigliani）、罗伊·里奇特斯坦（Roy Lichtenstein）、安迪·沃霍尔（Andy Warhol）、杰克逊·波洛克（Jackson Pollock）、威廉姆·德·库宁（Willem De Kooning）和贾斯培尔·琼斯（Jasper Johns）等大师的作品，以及阿尔贝托·贾科梅蒂（Alberto Giacometti）和康斯坦丁·布朗库西（Constantin Brancusi）的雕塑。

以加拿大蒙特利尔为基地的Cirque du Soleil前卫特技舞团的演出"O"是这里的定期演出节目，74位演员的阵容，9000万美元的制作，以水中舞蹈、特技、魔术为主轴（舞台水箱容积150万加仑）。法文"eau"发音与英文的字母"O"一样，O有点哲学味道，没有起点、终点，代表生生不息的意境，演出主题称颂人类的成就与能力。

酒店大厅、植物园以及走廊在中国春节前以中国文化元素所做的装饰，中国园林的亭台楼榭、假山、竹林、盆景也被放在植物园中

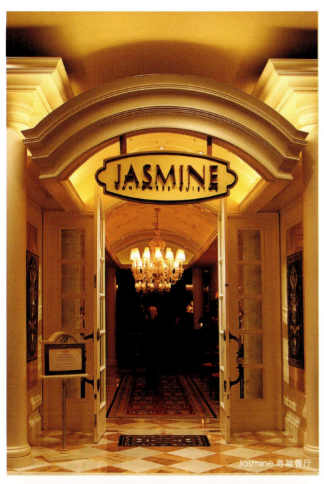
Jasmine 粤菜餐厅

电梯间

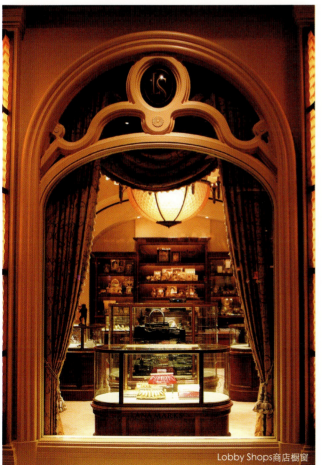
Lobby Shops商店橱窗

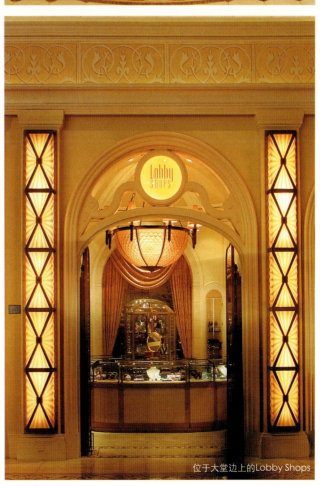
位于大堂边上的Lobby Shops

VENETIAN
威 尼 斯 人 赌 场 度 假 酒 店

威尼斯人赌场度假酒店的设计灵感来自于意大利最浪漫的城市威尼斯。酒店于1997年4月14日动工，耗资20亿美元，是将原来位于Strip大街中心地带的沙丘饭店（Sands）推倒新建的。1999年5月3日第一期完工后，在一片惊叹声中开张，新的威尼斯人酒店给拉斯韦加斯的酒店设立了一个方便度和豪华度的新标准。

威尼斯人酒店严格按照威尼斯的建筑风格建造，被拿破仑称为"欧洲最美丽的客厅"的圣马可广场（Piazza S. Marco）在这里也被复制了，总理府（Palazzo Ducale/Doges' Palace）、里亚托桥（Ponte di Rialto）、叹息桥（Bridge of Signs）、威尼斯钟楼（Campanile）、卡多洛金屋（Ca' d' Oro Villa）、运河、游河小船贡多拉（Gondolas）等都可以在这里见到。此外，威尼斯市政厅广场的一些著名雕像也都被重塑于此，加上酒店入口前的运河与鹅卵石步道，文艺复兴时期威尼斯浪漫的气氛在这里弥漫。

整个威尼斯人酒店主要由两座酒店大楼、一座塔楼以及周边的几座建筑组成。酒店主楼设计典雅，以现代手法表现了威尼斯16世纪的文艺复兴式风格。两座大楼的土白色上部建有挑檐、圆式窗拱和圆柱，大楼外墙则主要以土色砖块和玻璃帷幕覆面。

威尼斯人酒店是目前世界上最大的和最完善的度假、贸易、展览和会议中心之一。客房部大楼有480英尺高（35层），有3036个房间。这里的客房在顶级酒店中以大著称，平均面积700平方英尺，比其他酒店几乎大了一倍。标准套房中，浴室就占130平方英尺。一进入威尼斯人酒店客房，高达3米的顶棚把平日里拥挤和压抑的感觉一扫而空。深红色的地毯、巨大的钢琴、灿烂的枝形吊灯、设施齐备的健身房、全部由意大利大理石铺成的超大浴室……处处显示威尼斯人酒店极尽奢华的风格。酒店包括50万平方英尺的购物区，50万平方英尺的会议场所，160万平方英尺的沙丘展馆（Sands Expo）。沙丘展馆为多用途设计，可隔成数量、大小不等的会议厅，是全球最大的会展中心，每年全球最具规模的200余个展览会中有十分之一左右在这里举行。道奇宫里是11.6万平方英尺大的赌场，有118张赌桌和2500台赌博老虎机。6300平方英尺的美容美体Spa建在泳池旁。酒店共有5个温水泳池。在威尼斯人酒店的客人会发现餐饮、购物、健身，以及世界级的游戏和娱乐同在一个屋檐下。威尼斯人酒店是一个商务和休闲的理想之地，既有绿洲水乡的安逸，又有独一无二的商业环境和高雅艺术文化氛围。整个格局都是为了营造一个舒适豪华的度假环境。它的目标是建成拥有最多客房的综合度假中心。

大运河两岸

威尼斯是意大利文艺复兴的重镇,后来成了欧洲建筑风格的代表。这个不到8平方公里的城市,被一条全长3.75公里,平均宽度达70.3米的大运河(Grand Canal)呈S形贯穿。沿岸近200栋宫殿豪宅和7座教堂,多半建于14~16世纪。威尼斯市有118个岛、159条河、378座桥和近200个小广场。虽然城市不大,却在世界文化和建筑史上享有盛名。运河两岸的建筑,不仅集中展现了古希腊、古罗马最高建筑成就,而且吸收融合了哥特、拜占庭和伊斯兰文化的精华,形成独具特色的建筑文化和风格。所有建筑的地基都淹没在水中,就像是水中升起的艺术殿堂。两岸巍峨壮观的楼群永久嵌映在清澈碧绿的河水中,白天是迷人的倒影,夜晚是灿烂的彩虹,成为吸引世界游人无与伦比的水乡胜景。

酒店外景

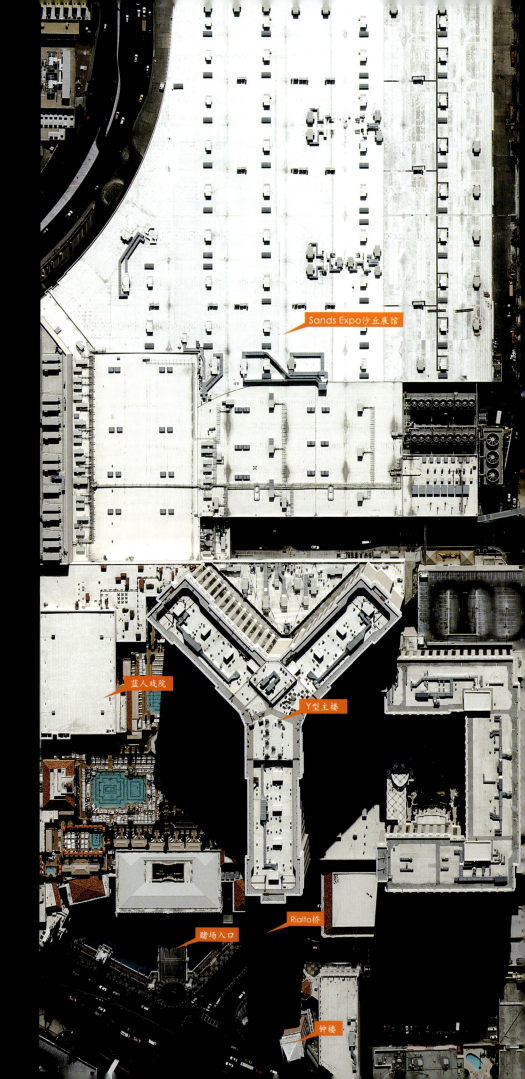

威尼斯人酒店俯瞰图

Sands Expo沙丘展馆

蓝人戏院

Y型主楼

赌场入口

Rialto桥

钟楼

威尼斯人酒店向客人提供最优秀的设施和服务，推出管家式的服务模式，在这里你可以得到指定门房人员的专门照顾。无微不至是威尼斯人酒店的待客之道。酒店登记处右边一个单独的登记柜台把入住的客人用高速电梯带到客房宁静之处，客人会发现此时已把赌城的喧嚣抛到脑后，不同寻常的体验正等待着他们。私密的花园露台、倦怠泳池、充满活力的喷泉和虚幻的玻璃围墙让你感到惊喜和惬意。威尼斯人酒店的客房为客人创造了最好私密空间。

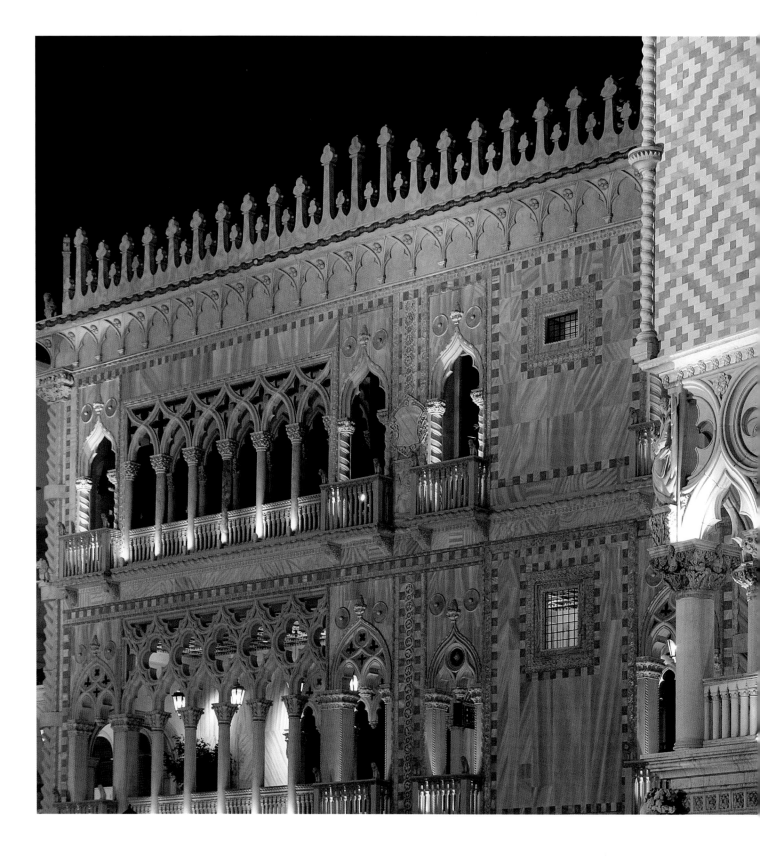

入口处夜景，精湛的威尼斯建筑艺术被淋漓尽致地复制在酒店入口处

第二层楼上阳台，直接连到里亚托桥

威尼斯人酒店入口前柱廊

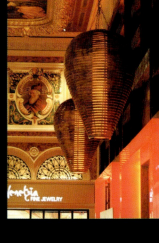

TAO Nightclub&Lounge（TAO夜总会及酒廊）酒廊给鸡尾酒会和想交谈的人提供了一个别致的聚会场所。装饰以东方的佛教文化为主题，以仿旧的石木材料，装饰出洞窟、佛像、佛龛、丝绸、流水、莲花池和蜡烛灯，把人们从喧嚣、充满罪恶、污浊的城市带到宁静清纯的世界

进入威尼斯人酒店大堂，仿佛进入宽敞的艺术殿堂。大堂的顶棚和回廊墙壁上装饰着巨幅油画和精美的浮雕，给人以典雅、高贵之感。在这里住过的客人都体会到豪华酒店所带来的特有舒适与满足感。酒店的穹顶非常高，由于灯光技术的巧妙运用，让人感觉上面真正"飘动"着朵朵白云，整个室内宽敞得如同户外。

意大利威尼斯是著名的水乡，它的风情总离不开水。蜿蜒的水巷、流动的清波、弯弯的河道，充满中世纪浪漫优雅情调的贡多拉小船穿梭其间。酒店范围内到处都是充满威尼斯特色的拱桥、小运河及石板路。一条人工运河称为大运河商业区（Grand Canal Shoppes），河道两边是装饰精美的商店。浮动在桥下、咖啡馆边、露台下的贡多拉小船，载着你穿过生机勃勃的威尼斯街景。船工是清一色的意大利人，他们身着意大利民族服装，高唱着咏叹调。有兴致的游客只需花上一点钱，便可享受这颇具异域情调的水上服务。湖边尽头是酒店餐厅，人们可以一边享受美食、"阳光"和"蓝天"，一边欣赏乐队演奏的高雅音乐与伴唱。无论是沿鹅卵石行人天桥漫步，还是坐在贡多拉小船上，听身着民族服装的意大利船夫的传统美声，都让人仿佛置身文艺复兴时代的威尼斯水城。一河两岸，风情漫漫。精致典雅的名牌小店鳞次栉比，大运河商业区提供了独特的购物体验。街头艺术、街头演艺目不暇接，活人雕塑、踩高翘的小丑把客人带到了真实的威尼斯，在仿佛是露天的咖啡座来上一杯卡布奇诺，听听音乐，赏赏风景，最写意不过。一不小心，也将你自己融入风景之中……

拥有140家商店的大运河商业区比凯撒宫已扩建的罗马集市商业区（Forum Shops）还要大上一倍。1200英尺长的水道，70英尺高的屋顶衬托出精品店的气派。这里有瑞士的大卫杜夫（Davidoff）香烟雪茄专门店，还有一个Jimmy Choo鞋店（华裔马来西亚人Jimmy Choo，周仰杰，是已故黛安娜王妃的御用鞋匠，每次王妃添了新装，就需请Jimmy Choo到金士敦宫与王妃讨论制作新鞋）。四层楼高的娱乐区有各类剧院。声光游乐区是由Warner Bros. Sound Stage 16与华纳合作建造的。

Grand Canal Shoppes 大运河商业区

大运河商业区

酒店的穹顶非常高，由于灯光技术的巧妙运用，让人感觉上面真正"飘动"着朵朵白云，整个室内宽敞得如同户外

蓝天、白云，明媚透澈，真如一幅出自大师手笔的油画。在24小时不灭灯光的辉映下，顶棚就像被施了魔法似的，变幻无穷，蔚为奇观

一河两岸,风情漫漫。精致典雅的名牌小店鳞次栉比,大运河商业区(Grand Canal Shoppes)提供了独特的购物体验

酒店范围内到处都是充满威尼斯特色的拱桥、小运河及石板路

CAESARS PALACE

凯 撒 宫 赌 场 度 假 酒 店

凯撒宫赌场度假酒店建于1966年，属于希腊罗马建筑风格，位于拉斯韦加斯大道心脏地带弗拉明戈路与拉斯韦加斯大道的交叉处，是拉斯韦加斯第一个主题赌场度假酒店。

踏入凯撒宫大门，就会感到这世界上最有名望的度假酒店的豪华和完善的服务。凯撒宫造景华丽，所有地方都给人富丽堂皇的感受。像其名字一样，酒店追求古罗马时代建筑装饰的特点。古罗马的建筑受古希腊建筑的影响很深。古罗马时期高度发达的文化及古罗马人对建筑的偏爱，使其建筑无论从形制、工程技术还是建筑外观及种类，都比古希腊时期的建筑丰富和进步得多。

酒店的建筑顶端采用古希腊标志性的三角形山花，这是古希腊建筑不可缺少的结构部分。山花由斜向的挑檐边（Raking Cornice）与底部水平的挑檐边（Horizontal Cornice）组成，中间行成一个三角形的山墙面（Tympanum），这也是西方古典建筑最重要的构成元素之一。建筑内外的立柱都采用古罗马科林斯柱式（Corinthian Order）。

圆形大厅是罗马古建筑艺术的缩影，大厅以三美神雕塑的圆形水坛为中心，地面大理石拼花的圆形图案对应顶棚圆形灯盘，中间局部采用古罗马传统陶瓷锦砖（马赛克）拼图。战士驭四匹马古战车的壁画居接待台中心，迎接光临赌场的宾客，科林

入口处门头为古希腊标志性的三角形山花

斯柱式间隔两边各用两幅古罗马神话的壁画装饰接待台背景墙面。大厅以圆形为基本语言，从大厅的形状到地面大理石图案、地毯图案，从顶棚的圆盘造型到圆形吊灯。色彩以金黄色为主，配以土红、黑色，展现出古罗马建筑的庄重华贵风格。大厅的装饰感觉上很辉煌，与灯光的处理分布有关。两级吊顶都有内藏光，两层光带、圆形灯盘以及顶部彩绘把顶部装饰得很出彩。当然，这里毕竟是酒店，装饰风格也是要从商业角度出发，它不是古罗马的再现，而是模拟一个历史环境的氛围，赋予酒店历史文化气息，以特色情趣招揽游客。

赌场的另一个主要入口是通往凯撒罗马集市商场（Forum Shops）的主要通道。这个耗资1亿美元的罗马集市商场是高级名品购物中心，其店面及公共区域均仿照古罗马的街道设计。巨大的梁柱与拱门、中庭广场、豪华喷泉以及古典雕塑等，均与凯撒宫主题相呼应。凯撒宫赌场度假酒店兼具古罗马的历史感与21世纪的现代感。

酒店建筑的外立面是对古罗马建筑的模仿，罗马风格的科林斯柱式和拱券式内壁龛被应用在入口两侧，壁龛内漆金色涂料，在每个塑像基座下都建有几何形状的喷泉池。建筑的色彩以青灰色为主，局部装饰金色。酒店面临拉斯韦加斯大街的广告指示牌也采用与建筑统一的装饰风格。

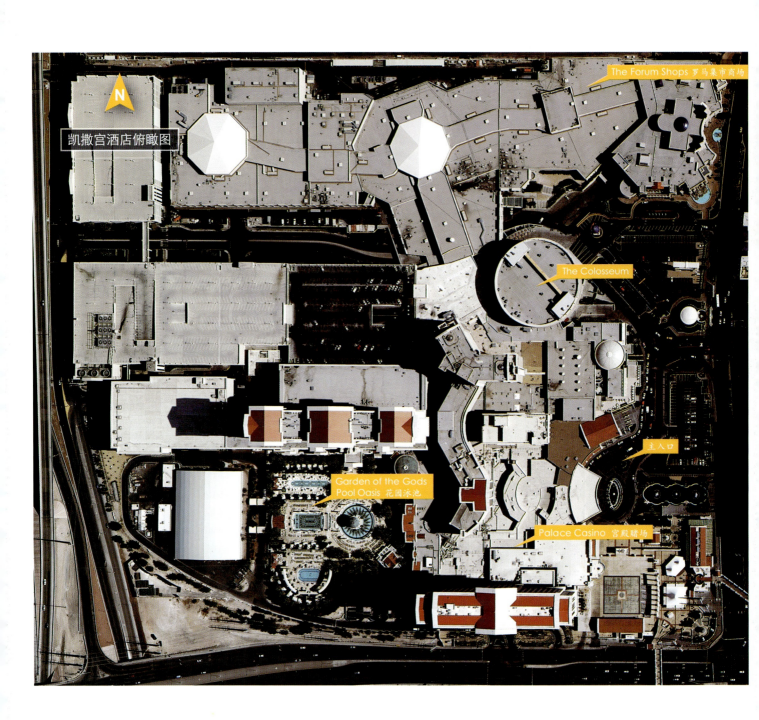

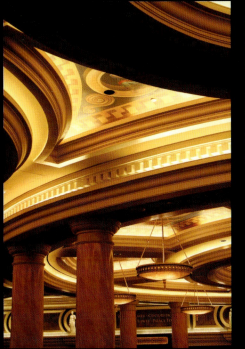

大堂内景

主入口大厅

位于大厅中心的三美神雕塑圆形水坛

酒店服务台

 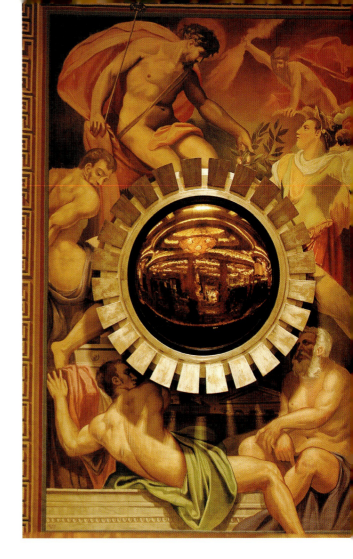

大厅前台背景墙的装饰

大厅一角

罗马风格的科林斯柱式和拱券式内壁龛被应用在入口两侧,壁龛内漆金色涂料,在每个塑像基座下都建有几何形状的喷泉池

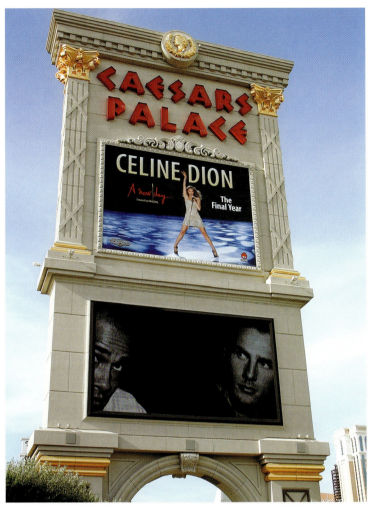

广告指示牌也采用与建筑一致的装饰风格

酒店外观夜景，顶部融合了古罗马的建筑装饰风格

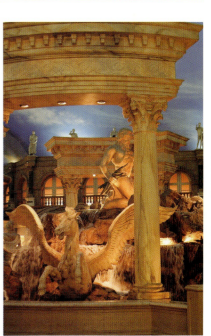

凯撒罗马集市商场 (Forum Shops)

凯撒罗马集市商场(Forum Shops)外景

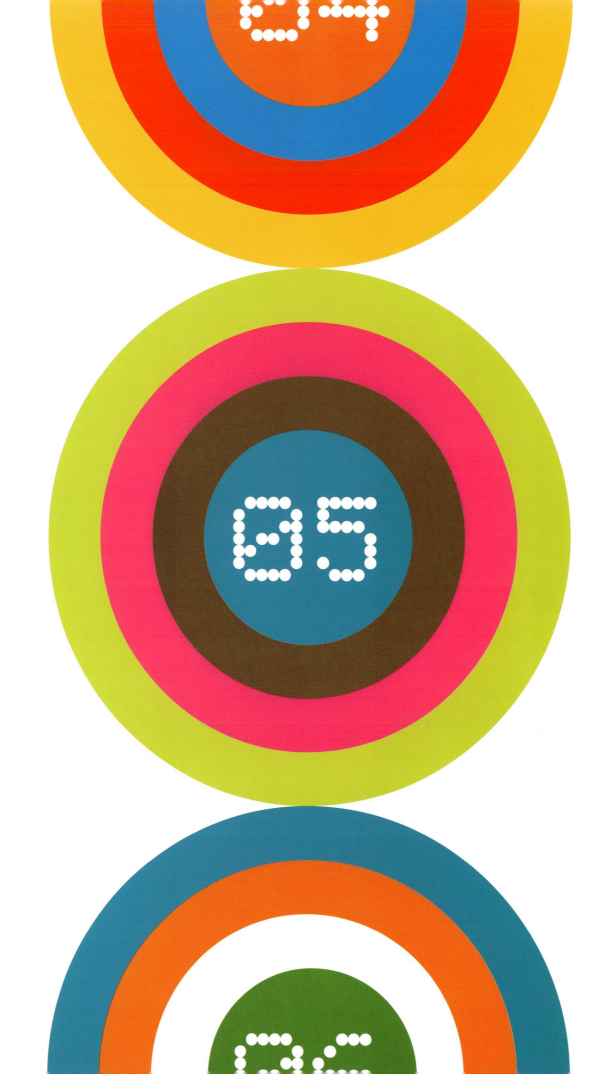

MANDALAY BAY

曼 德 勒 海 湾 赌 场 度 假 酒 店

曼德勒海湾赌场度假酒店耗资9500万美元，拥有3700间客房和面积达135000平方英尺的赌场，附设会议中心及表演中心。酒店现由米高梅集团所持有并管理。另外，还设有一个11英亩大的曼德勒海滩。这个著名的人工海滩提供各色水上活动，其中包括一个冲浪水池、三个游泳池和2700吨沙子铺成的海滩。酒店于1999年3月2日开业。2003年1月附设的会议中心开幕，并成为当时全美第五大会展中心。2004年新建了一座43层高，拥有1120间套房的新酒店大楼。

曼德勒（Mandalay）是缅甸的一个内陆城市，并没有海湾，酒店把缅甸建筑装饰艺术同海湾的概念结合起来，创造出了一个海边度假村一样的曼德勒海湾赌场度假酒店。酒店大厅以芭蕉和棕榈等热带植物装饰画装饰墙壁与顶棚，顶棚分四个级数，在中间形成一个天井，下方竖立一个石塔，石塔边角的雕花装饰同立柱、门套、角线，以及灯盘的装饰一样，都带有缅甸装饰艺术的风格，地面大理石拼花也采用同种风格的花形。顶灯的设计也很独特，从酒店大堂到赌场大厅都采用这样独特设计的顶灯。立柱四角都采用多边角处理方式。入口处驻车道的顶棚以及立柱的设计也是类似的风格。玻璃门的扶手用东南亚喜爱的动物——大象来装饰。入口分两处，北入口通向赌场区域，南入口通向大堂和酒店入住登记台。赌场区位于大堂的东北方向，从赌场区向南可以通向曼德勒海滩；向西南通过两侧是各色餐厅酒吧的通道，可去往会议中心，西北方向是戏院和

曼德勒海滩酒店外景

THE Hotel酒店。

曼德勒海湾赌场度假酒店里有三个酒店可供选择,主楼上面楼层的一部分由四季酒店(Four Seasons)管理,THE Hotel酒店是独立的一栋大厦,位于主楼的西北方。

THE Hotel酒店是一个现代装饰风格的酒店,整体设计简洁、硬朗和时尚。它用几何构成方式处理顶棚、墙面、门和地面,在规则中寻找不规则,把许多墙面和柱面的垂直面处理成斜面,造成视觉上的变化。黑色被大胆地用在墙面、柱体、装饰支撑架及地面拼花。黑色柱体上用透光材料贴包,门檐用灯箱式处理手段,镜子式的墙面也用灯箱式处理方式包裹边框。黑色与灯光照射出的金黄色成为这里的主色调。

THE Hotel酒店的灯具设计也是式样各异的,或与环境融为一体,或是从环境中跳跃出来成为画龙点睛的一个亮点。

夕阳下的THE Hotel 酒

酒店入口驻车道　　入口大门

大堂通道

赌场大厅

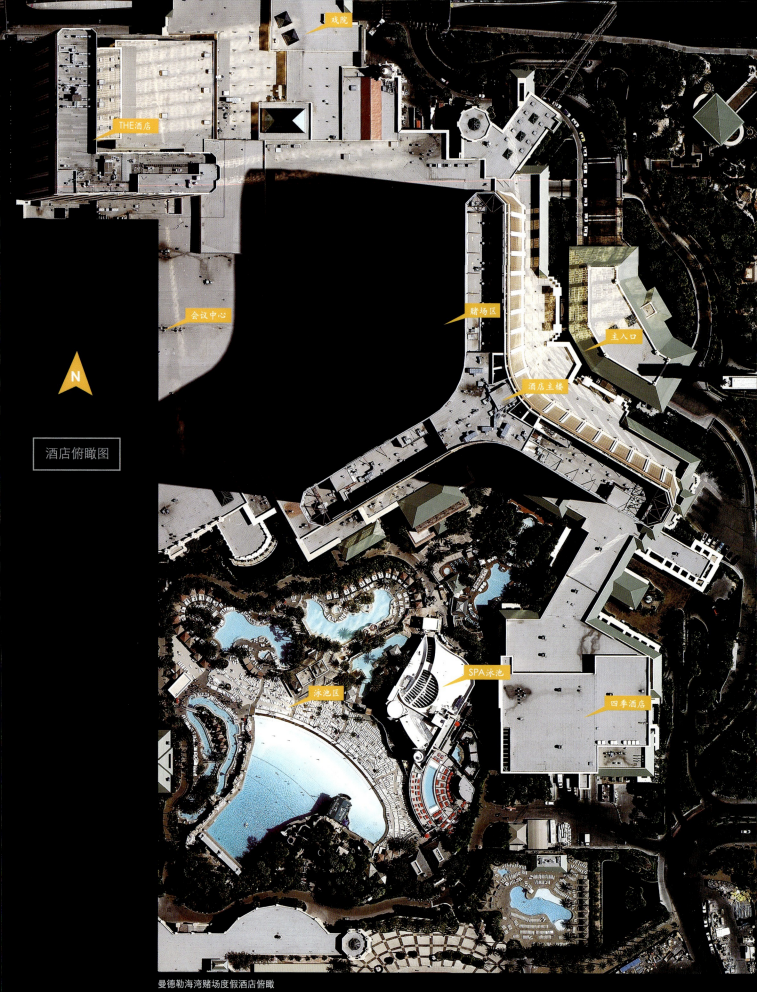

曼德勒海湾赌场度假酒店俯瞰

金色的玻璃幕墙

反映俄罗斯历史文化的Red Square Las Vegas红场餐厅

Aureole餐厅门口餐牌

红场餐厅门口

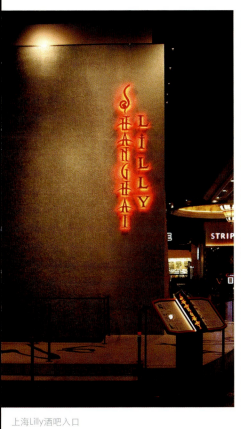

上海Lilly酒吧入口

Trattoria DeiLupo 是家非常经典的意大利式餐厅,考究的色彩搭配和整洁的设计传递出餐厅所具有的风格

酒店大厅以芭蕉和棕榈等热带植物装饰描绘壁与顶棚。顶棚分四个级数，在中间形成一个天井，下方竖立一个石塔。石塔边角的雕花装饰同立柱，门套、角线以及灯盘的装饰一样都带有缅甸装饰艺术的风格，地面大理石拼花也采用带有同种风格的花形。顶灯的设计也很独特。从酒店大堂到赌场大厅都采用这样独特设计的顶灯。立柱四角都采用多边处理方式

灯的设计各具特色

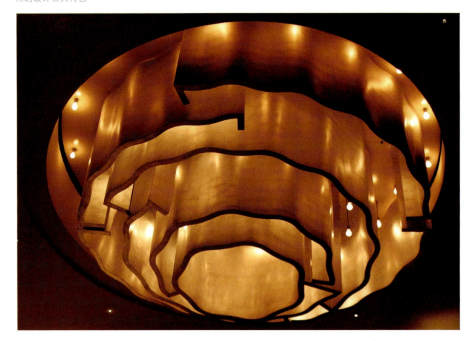

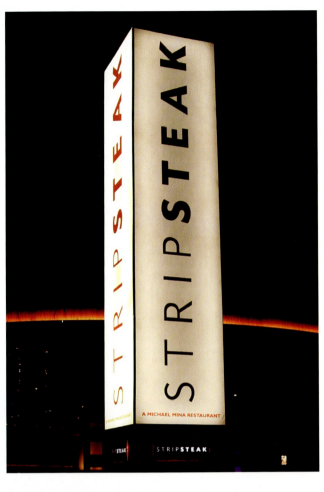
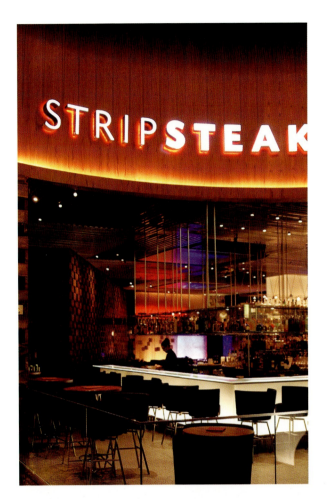

STRIP STEAK 牛扒餐馆

The 酒店是一个现代装饰风格的酒店。整体设计简洁、便明和时尚。它用几何构成方式处理顶棚、墙面、门和地面。在视则中寻找不规则，把许多墙面和柱面的垂直面处理成斜面，造成视觉上的变化。黑色被大胆的地用在墙面、柱体、装饰支撑架及地面拼花。黑色柱体上用透光材料贴包，门楣用灯箱式处理手段。镜子式的墙面也用灯箱式处理方式包裹边框。黑色与灯光照射出的金黄色成为这里的主色调

14000平方英尺的Bathhouse是一个带有欧洲现代风格的SPA洗浴中心，设计非常前卫。包豪斯风格的硬朗线条的处理方式贯通了整个设计，用现代手法表现石、木、玻璃这些建筑材料的美感。配色采用黑色墙面+米黄色地面+青绿色玻璃，局部跳跃出的桃红色起到出彩的效果

在现代的设计中运用自然古朴材质，不但增加了设计的韵味还带来回归自然的感觉，Fleur de Lys法式餐厅的粗糙的石块装饰墙体和下图STRIP STEAK 牛扒餐馆用原木块累积成的弧形墙，都是这类设计的代表

设计非常前卫的Mix Lounge餐吧

Mix Lounge 餐厅大厅

PLANET HOLLYWOOD

好莱坞星球赌场度假酒店

拱形柱廊是这一商业区域的装饰特点

好莱坞星球赌场度假酒店是在原阿拉丁酒店的基础上改造的。2004年OpBiz财团买下破产的阿拉丁酒店（Aladdin），将其改为好莱坞星球赌场酒店（Planet Hollywood Resort and Casino），重新装修并注入了好莱坞星球式带有娱乐性的装饰风格。2600间客房也改成电影主题的设计。前阿拉丁酒店是以阿拉伯传奇故事"一千零一夜"中阿拉丁的神秘幻想传奇为主题装饰设计的。酒店的购物街The Miracle Mile Shops部分仍保留前阿拉丁酒店的阿拉伯式装饰，人们在此可以领略到伊斯兰建筑风格。伊斯兰建筑中的洋葱顶、尖拱门、邦克楼都是其标志形象。这条购物街采用室内真实造景的手法。灯光将彩绘在顶棚上的天空变换成黄昏时的氛围，让你仿佛来到了夜幕正在降临中的热闹的阿拉伯集市。

酒店的赌场及其他公共区域都带有影视娱乐的装饰风格，柱体、局部墙面的灯箱式灯光处理方式、霓虹灯管藏光式的光带处理方式等常用于舞台的装饰手法被运用了进来。赌场大厅的装饰非常新颖，挑高的空间用深色做顶棚墙面背景，墙面用横条灯带勾勒出立体形状，灯箱式的处理方式将灯光柱体、顶部方形盒状的吊灯以及穿插在赌场中的灯架上的条灯变成了空中发光体，这些发光体随空间视角的转换形成不同构成排列，加之灯光色彩的变换，光的不同运用使整个环境在视觉上十分丰富多彩。

PLANET HOLLYWOOD 184-185

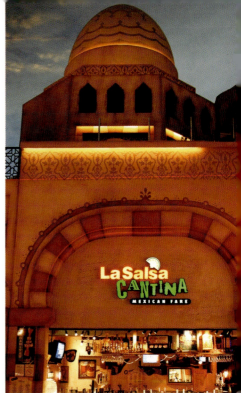

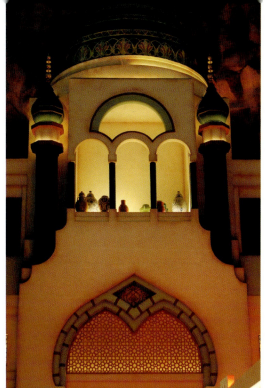
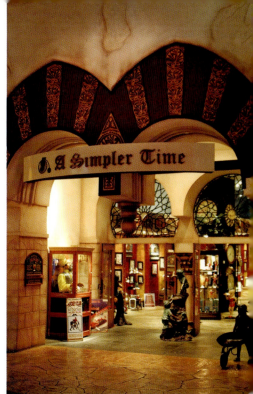
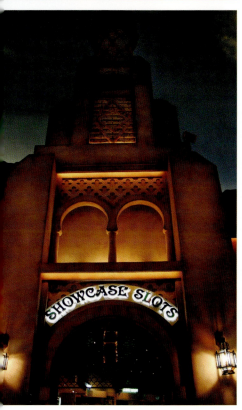
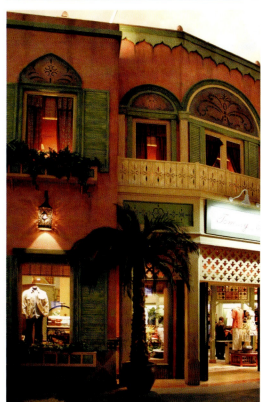
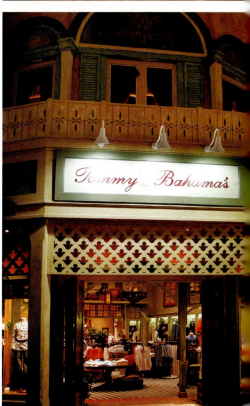

商业区带有阿拉伯风格建筑装饰

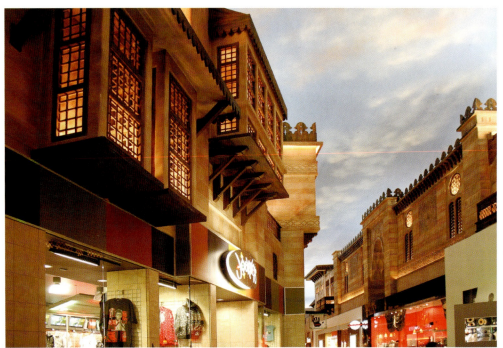

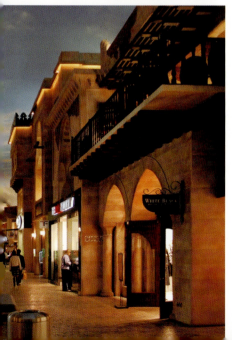

有些夜总会装饰风格的酒店大厅

酒店沿街竖立的电子广告牌

带有娱乐性的装饰风格的赌场区域

小酒吧

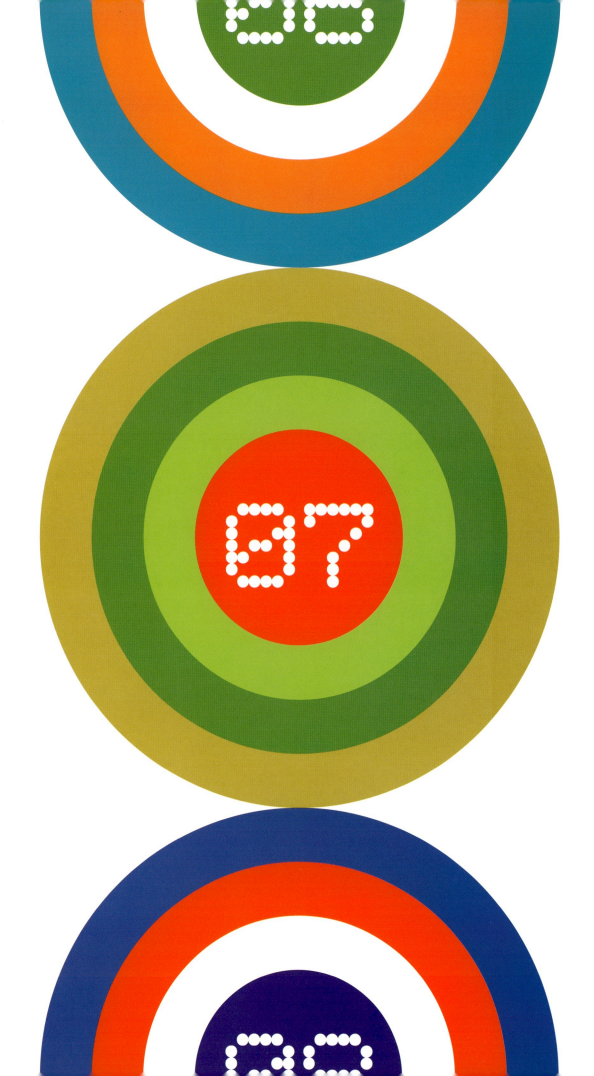

MGM GRAND

米 高 梅 赌 场 度 假 酒 店

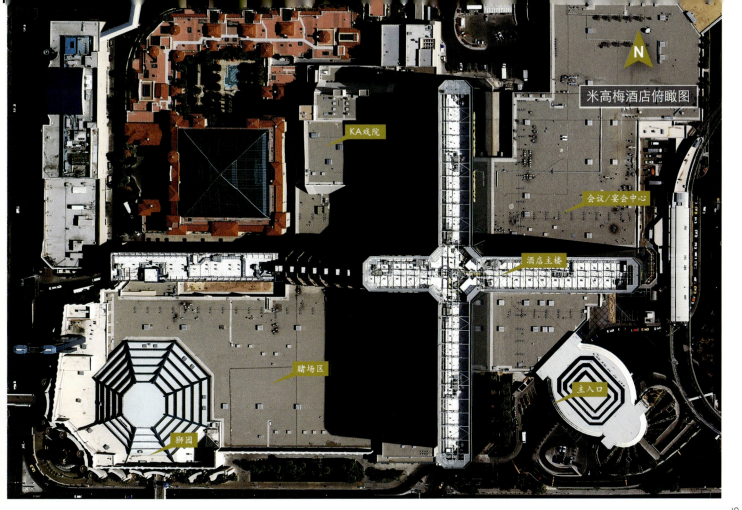

米高梅赌场度假酒店可以称得上是世界最大酒店之一，拥有5000间客房。建筑外观呈十字形。最早以童话故事绿野仙踪（The Wizard of Oz）作为酒店的主题（绿野仙踪是美国作家L Frank Baum创作的童话故事，米高梅电影公司在1939年由导演维克多·佛莱明将其拍成音乐片，曾经家喻户晓，风靡一时）。酒店选用的建筑主色也是这个美国童话故事里的翠绿之城的翠绿色。后来米高梅酒店逐步扩大，以好莱坞的经典影片来作主题了，因为仅仅以一个童话故事作主题，内容是不够丰富的。

酒店西南区靠近拉斯韦加斯大道，从纽约-纽约酒店来的客人走这个入口。进入酒店是一个环形大厅，四壁、顶棚和立柱都以装饰艺术（Art Deco）风格的浮雕装饰。这里有个54俱乐部（Studio 54）和狮园（Lion Habitat）。54俱乐部是20世纪70年代美国纽约的一个传奇俱乐部。在其全盛时期成为当时的名流、夜生活文化和午夜音乐跳舞俱乐部文化的代表。米高梅酒店里的这家54俱乐部再现当年的风采，而且还要更加狂野。在酒店大厅中的狮园，人们可以近距离接触到活着的米高梅商标上的狮子。狮园是由特制的透明玻璃制成的，以便观赏，其中有瀑布、水池和假山，还种植了洋葵树，四周墙壁也有浮雕装饰。

赌场区被设计在中部，北面是KA戏院，南面是好莱坞戏院。主入口位于东南角，也是酒店服务台所处位置。从赌场向东北是Studio Walk 购物区，这里不仅有众多的大牌名品商店，还云集了各色餐厅酒吧。装饰多为现代风格。沿着Studio Walk向北可通往Grand Garden Arena，一个有16800个舒适座椅和一流音响与灯光效果的大型演出厅。在这里上演过霍利菲尔德与泰森的对决（Evander Holyfield and Mike Tyson），还有滚石（Rolling Stones）、U2、麦当娜（Madonna）、Elton John、Bruce Springsteen、Barbra Streisand 等巨星的演出。东北方向是酒店的热带绿洲式游泳池区（Grand Pool）和会议中心。

MGM的象征金狮塑像耸立在门口

建筑物上的装饰雕塑

Lion Habitat 狮子园

带有好莱坞电影装饰风格和装饰艺术（Art Deco）风格的公共区域

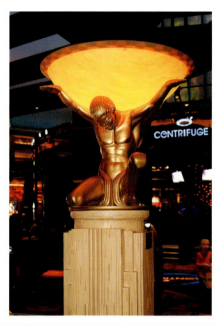

带有传统装饰风格的商店

位于Studio Walk 购物区的Wichcraft Sandwiches是一家卖三明治的快餐店，以不锈钢与原木装饰材料为主，窗框与餐牌的正红色挡板与餐椅的翠绿色搭配得十分醒目，装饰手法简单但很有新意

32度啤酒档用红、黄、蓝、绿和黑这些纯色做背板，色彩条从很远处就吸引了客人的眼球。

PARIS

巴 黎 赌 场 度 假 酒 店

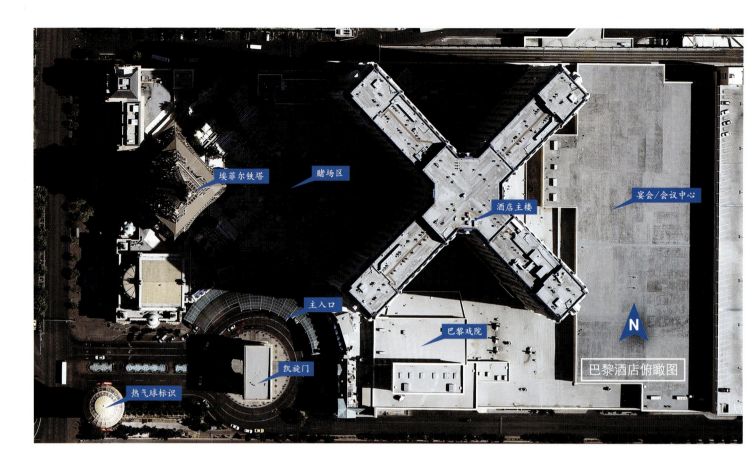

巴黎赌场度假酒店位于百乐宫（Bellagio）对面，于1999年9月1日开业。由拥有希尔顿的Park Place Entertainment集团投资，占地24英亩。以法国Hotel de Ville酒店为蓝本设计，融入了法国巴黎许多地标性建筑，如埃菲尔铁塔、凯旋门、各色剧院、博物馆以及地铁口等。门口的埃菲尔铁塔是以真塔的一半比例复制的，凯旋门是按三分之二比例复制的。入口的广告标示牌以热气球造型装饰。主楼有34层高，拥有2916间客房和295间套房。酒店有85000平方英尺的赌场面积，100张赌桌，2400台老虎机和2个结婚礼堂；有赌城最大的多用途大厅（88000平方英尺），供表演、比赛、会议应用；还有一个1200座位的剧院The Paris Opera House，装饰得像凡尔赛宫的镜厅（Hall of Mirrors）。

酒店以巴黎城市街景为主题设计定位，在高挑空的室内营造出室外街景。建筑、路面、街灯、路牌、商店、餐馆和酒吧等都模仿巴黎街道。登记大厅装饰得有些法式宫廷味道。购物区以巴黎Ruede la Paix街为蓝本，用铁艺街灯装饰的古色古香的街道上，坐落着许多精品店、酒铺、玩具店和奶酪店。赌场顶棚上画有巴黎的天空，仿佛让时间停留在不眠的巴黎之夜。

从拉斯韦加斯大道入口进入酒店就到了赌场区，周围是些餐厅和酒吧。有停车道的主入口位于赌场的南面，入住登记大厅和巴黎戏院（Paris Theatre）位于东南角。东北方向Le Village是个长长的步行道，两边有很多餐厅及商店，沿着步行道向北可以通往百利（Bally）酒店。

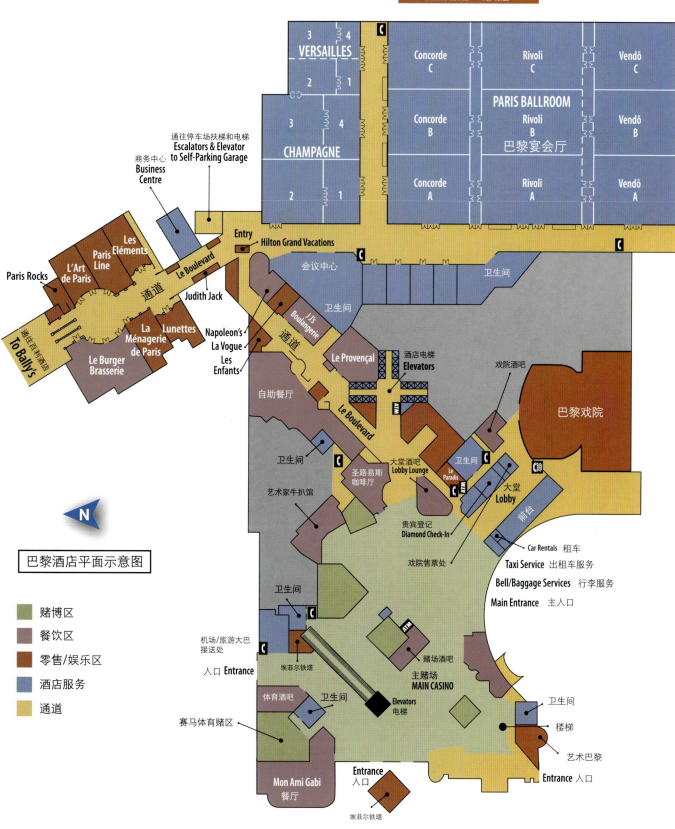

以法国Hotel de Ville酒店为蓝本设计,融入了法国巴黎许多地标性建筑,如埃菲尔铁塔、凯旋门、各色剧院、博物馆以及地铁口等。广告标示牌以八十天环游世界的热气球造型装饰

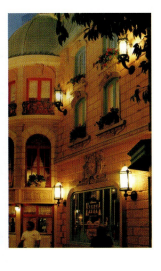  

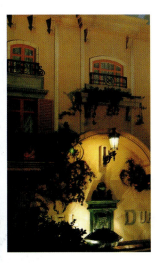 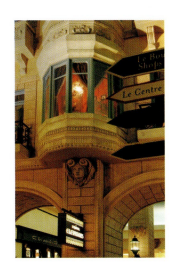 

酒店以巴黎城市街景为主题设计定位,在高挑空的室内营造出室外街景。建筑、路面、街灯、路牌、商店、餐馆和酒吧等都模仿巴黎街道

室内街景

华丽的彩色玻璃拱顶

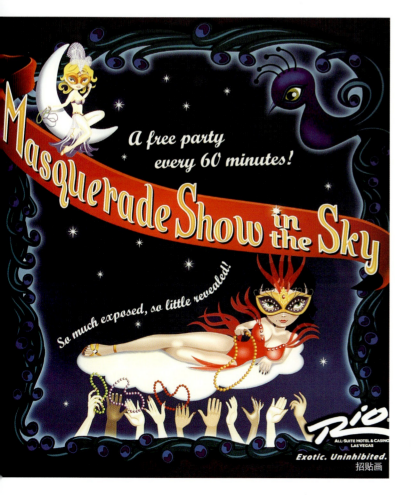

招贴画

法国宫廷装饰手法的登记大厅

优雅的顶棚图案与吊灯

MIRAGE

幻 影 赌 场 度 假 酒 店

幻影赌场度假酒店于1989年秋开张，主楼29层高，造价6.3亿美元，有3049间客房，118张赌桌，2245台老虎机，100000平方英尺的多种会议厅。酒店宗旨以品质独特取胜。在踏入酒店之前，你就会被它的流水与瀑布所吸引。大门口有个巨大的人工湖，湖中有一座层层叠叠高约20米的人造假山，流水从山顶倾泻而下，形成一条巨大的瀑布。入夜后，瀑布上方的山顶平台会有"火山"喷发，巨大的"火山"每15分钟喷发一次，岩浆直冲夜空，然后如落英缤纷，顺瀑布而下，使整个水面都"燃烧"起来。火光映照下的酒店前厅入口与瀑布及岩穴所构成的潟湖相映成趣，别具风韵。

踏进幻影赌场度假酒店，犹如进入波里尼西亚的热带天堂。酒店的装饰风格为波里尼西亚南太平洋风格。入口处的棕榈树、瀑布和流水一下就把你引入绿色的伊甸园。向前走，一个巨大的由玻璃建构、挑高90英尺的中庭进入你的眼帘，这里种植着两百多种热带植物和200多种兰花。中庭下方穿插在树丛中的是一个叫Japonais的酒吧，酒吧以简洁的木制框架搭成圆形空间，以纱帘间隔，吧台设在棕榈树下。整个酒吧仿佛藏匿在热带雨林中。

酒店大厅采用棕榈树叶的压花图案装饰顶部，黑色木边收口。设计者用最新的科技手段将大堂建成水族馆形式，给人一种全新的融入自然的感受。由一些水族馆设计专家设计的一个容量高达2万加仑的水族玻璃池（53英尺长，8英尺高）和服务台的整个背景墙构成一个海底世界。过滤和生命支持系统也采用新技术，提高能见度，支持新的人造珊瑚和近1000个标本。通过4英寸厚的丙烯酸酯材料的窗口，人们可以清晰地看到鲨鱼、鳗鱼、鲈鱼和河豚鱼及其他海洋鱼类，还有各种奇特的海底生物。如同澳大利亚大堡礁一般美丽，客人在登记台前等候时可以非常赏心悦目而绝无疲劳倦怠之感。

除此之外，幻影酒店还有两个自然生物保护区，分别是西格弗里德与洛依（Siegfried and Roy）魔术秀中珍奇白老虎的私密花园与海豚栖息池。西格弗里德与洛依认为许多动物濒临灭绝，因此要创造一个安全的环境，使这些动物生活安宁。私密花园有20多只罕见动物——黑豹、雪豹和各类白老虎。盛有250万加仑水的海豚栖息地，同时也是海豚研究和教育基地。酒店把人类对自然生态的关怀引入到酒店的文化概念之中。

幻影酒店的许多酒吧设计既现代又独特，The Beatles Lounge Revolution 酒吧用Revolution的字母做装饰墙，同大厅分隔空间，酒吧外的客人可以通过字母所形成的间隙感受到酒吧内部的气氛。剧院部分的装饰十分特别，顶部用很多排列整齐的镜面反光球装饰，走道下面打灯并一直延伸到墙面，七彩灯光不时变换，通过镜面反光球折射不断地改变环境的色调，把客人带到光和色的奇幻世界中。

入口处的棕榈树、瀑布和流水一下就把你引入绿色的伊甸园

Japonais酒吧以简洁的木制框架搭成圆形空间，以纱帘间隔，吧台设在棕榈树下。整个酒吧仿佛藏匿在热带雨林中

剧院部分的装饰十分特别，顶部用很多排列整齐的镜面反光球装饰，走道下面打灯并一直延伸到墙面，七彩灯光不时变换，通过镜面反光球折射地改变环境的色调，把客人带到光和色的奇幻世界中

The Beatles Lounge Revolution 酒吧用Revolution的字母做装饰墙，同大厅分隔空间，酒吧外的客人可以通过字母所形成的间隙感受到酒吧内部的气氛

酒店登记处中央造型漂亮的吊灯和鲜花摆设

各色酒吧餐厅和戏院入口

NEW YORK-NEW YORK

纽 约—纽 约 赌 场 度 假 酒 店

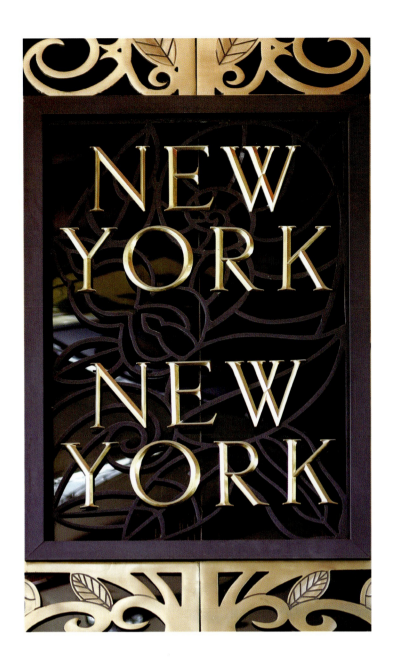

纽约—纽约赌场度假酒店于1997年1月3日开业。有2024个房间，分成63种不同主题的内部设计。84000平方英尺的赌场面积有71张赌桌，2200台老虎机。4.6亿美元的造价，米高梅酒店占其50%股份。整个酒店外观仿照纽约曼哈顿高楼群组合，著名的帝国大厦、克莱斯勒大厦、AT&T大楼、图书馆和CBS大楼等纽约市最著名的标志性建筑几乎全部集中展现于此，微缩的自由女神和布鲁克林大桥也在这里展露风采。

室内以纽约街景为主题，外挂窗式空调机和建在室外的消防铁梯，将典型的纽约民居建筑风格展现出来。墙上偶尔会看到纽约街道上的墙壁涂鸦。赌场区可见中央公园与时代广场等主题。接待前台的装饰属装饰艺术（Art Deco）风格，装饰艺术风格演变自19世纪末的新艺术运动（Art Nouveau），结合了因受工业文化影响而兴起的机械美学，用较机械式的、几何的、纯粹装饰的线条来表现，如扇形辐射状的太阳光、齿轮或流线形线条，对称简洁的几何构图，等等，并以明亮且对比的颜色来彩绘，有着丰富的线条装饰与逐层退缩结构的轮廓。这种风格在20世纪初的纽约非常盛行，帝国大厦和克莱斯勒大厦都是这种风格的代表作。入口处大门上的铁艺装饰、地毯图案及室外的装饰浮雕也都带有装饰艺术（Art Deco）风格。

带有纽约标志性建筑的酒店外观，巨大的过山车环绕酒店建筑四周

NEW YORK NEW YORK
HOTEL & CASINO

带有传统风格的建筑和Art Deco风格的装饰

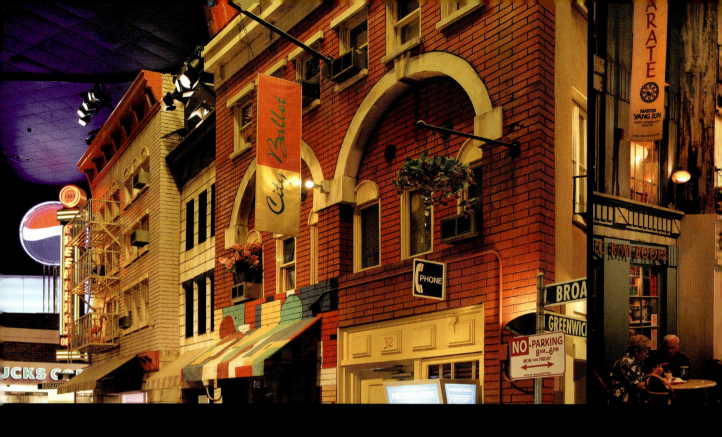

室内以纽约街景为主题,外挂窗式空调机和建在室外的消防铁梯,典型的纽约民居建筑风格展现出来。墙上偶尔会看到纽约街道上的墙壁涂鸦。接待前台的装饰与地毯的花纹都带有装饰艺术(Art Deco)风格

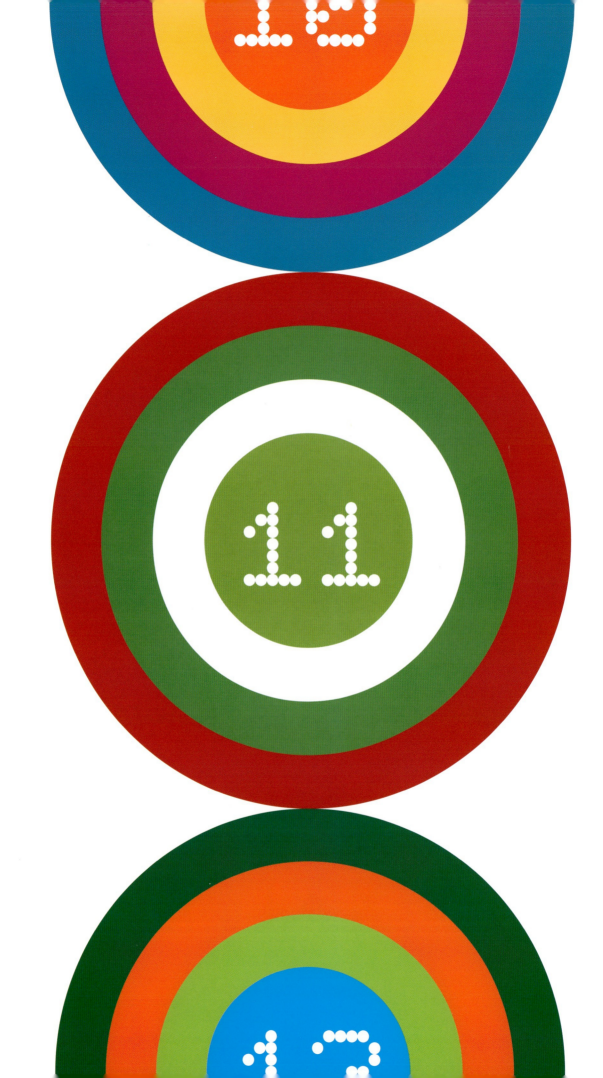

PALAZZO

宫 殿 赌 场 度 假 酒 店

建筑外观同威尼斯人酒店很相似

宫殿赌场度假酒店同威尼斯人酒店紧邻,两家以走廊连接,均属Sands集团旗下,并且共用许多设施及一个预订中心系统。酒店主楼的建筑外观同威尼斯人酒店很相似。酒店有3066个客房和10.5万平方英尺的赌场面积,1900台老虎机和80张赌台。宫殿酒店是继2005年4月开张的永利酒店之后,在赌城最新开张的酒店了。

酒店的装饰并不像传统的意大利式宫殿,而是不同时代的混合体。色调以褐色与米色为主,与威尼斯人酒店的装饰风格也不相同。入口大厅中心采用钢架玻璃穹顶,下方由8根立柱支撑,形成一个圆形的中庭,中心有一个喷水花坛。酒店除了装饰许多高大的棕榈树外,还摆放了许多修剪过的圆锥造型松柏,犹如一尊尊绿色的雕塑。酒店的装饰在传统手法的基础上带些新意,立柱的造型也摒弃了传统的罗马式样,从而更加简洁。喷水坛中的雕塑也采用更为现代的材料及造型。顶部的装饰花纹也不同于传统手法,更加强调几何形的拼接。方形与圆形的造型贯穿在整个酒店的装饰中。

入口大厅中心采用钢架玻璃穹顶,下方由8根立柱支撑,形成一个圆形的中庭,中心有一个喷水花坛。酒店除了装饰许多高大的棕榈树外还摆放了许多修剪过的圆锥造型松柏,犹如一尊尊绿色的雕塑

入口门厅

侧入口

主入口外两侧

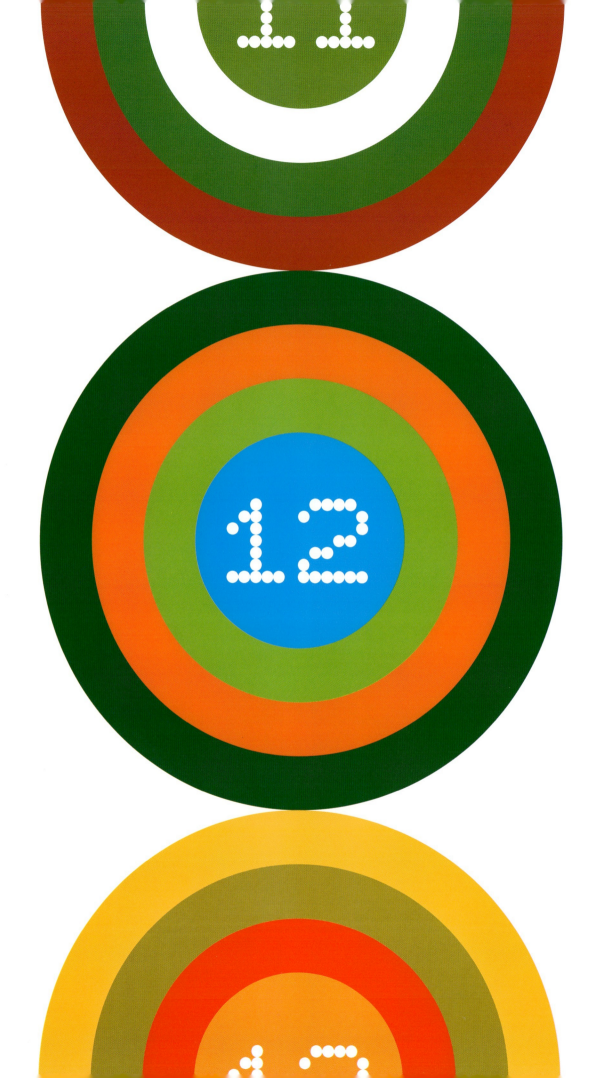

TREASURE ISLAND
金银岛赌场度假酒店

入口处的酒店广告牌

金银岛赌场度假酒店于1993年10月27日开业,有2900个房间,90000平方英尺的赌场面积。它与幻影酒店相邻,有单轨小火车连接。酒店名字来自史帝文生(Robert Louis Stevenson)的著名小说《金银岛》,从名字人们就很容易联想到加勒比海盗与藏匿财宝的小岛。酒店正是以此为主题来设计的。来到酒店门口就彷佛进入作家史帝文生笔下《金银岛》的奇幻世界。入口是吊桥形成的步道,桥下是人造海滩,海浪拍打着岸边仿古的小村庄。酒店前的水域仿造出一个17世纪的加勒比海村庄,拉斯韦加斯大道靠酒店一边仿造了甲板、码头和步行道,用圆木捆扎成防护栏杆。游客通过木桥进入酒店,彷佛是从停靠在海边的轮船走进加勒比海渔村。赌场内部以巴西里约热内卢风光为主题,房间以欧式风格装潢。

在酒店前人工湖上的海盗表演(Live Pirate Show)展现了英国大不列颠号战舰迎战西班牙海盗船的情景,烟火爆炸,效果逼真,重现了小说中的交战场景。Mystere也是固定演出节目,这个节目由来自加拿大蒙特利尔的 Cirque du Soleil 前卫特技舞团花两年时间排练出来, 分别由来自18个不同国家的72位特技、喜剧、歌唱、舞蹈和音乐演员表演,演出的内容、服装和舞台设计都很前卫。

酒店外景

赌场区域

酒店前的水域仿造出一个17世纪的加勒比海村庄

登记处

电梯间

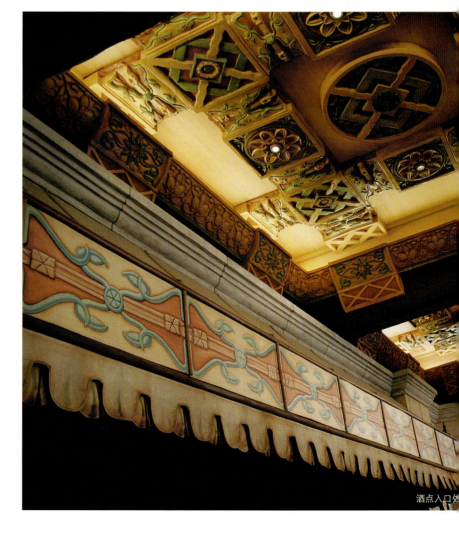

酒店入口处

登记大厅顶部及吊灯

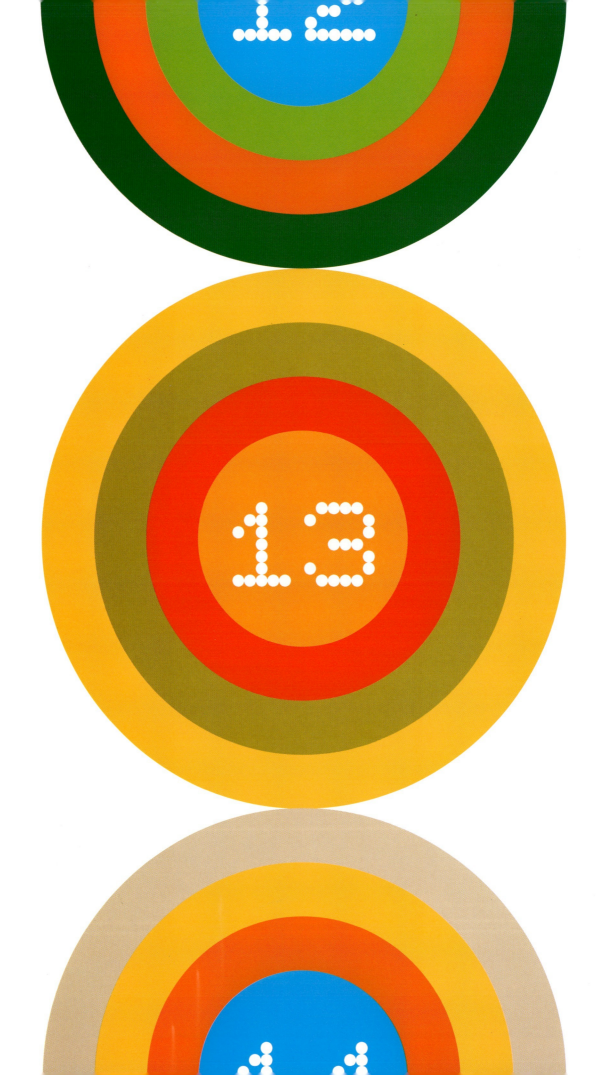

EXCALIBUR

圣 剑 赌 场 度 假 酒 店

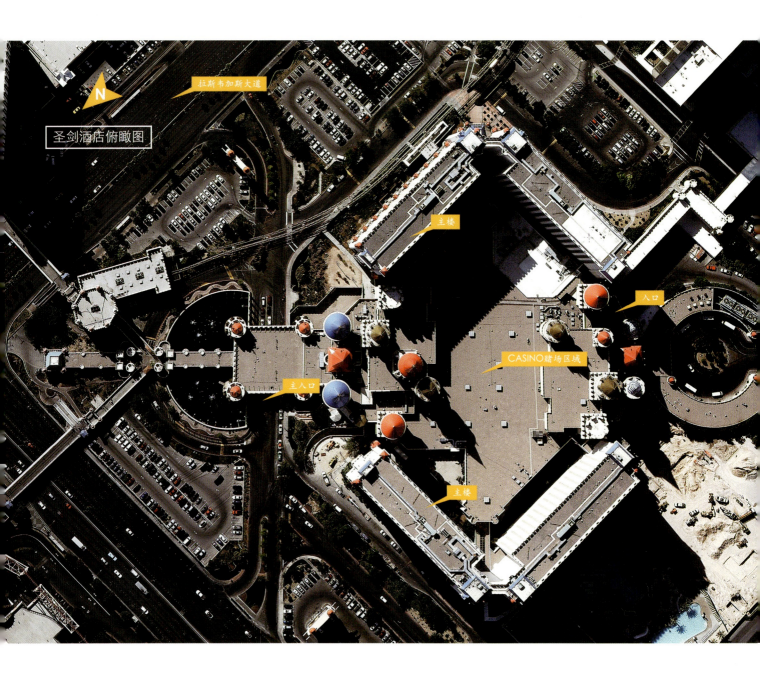

圣剑赌场度假酒店于1990年6月19日开业，有4008间客房，100000平方英尺的赌场，2550台老虎机，近150张赌桌，12000平方英尺的会议及宴会厅。酒店以中世纪率领圆桌骑士纵横驰骋的布列颠之王——亚瑟王的传奇为主题。Excalibur是亚瑟王的宝剑，传说来自精灵之手，亚瑟王凭此神剑所向披靡，最终建立了霸业。

酒店建筑模拟中世纪城堡造型，布局也似城堡形成一个口字形。内部装潢也以中世纪古堡装饰风格为主，盔甲、烛灯、彩色玻璃窗和石头之类古堡里的装饰被运用在各处。

Tournament of Kings是很受欢迎的表演，游客可一边看中古世纪武士比武，一边用手撕肉用餐，感受中世纪骑士的粗犷与豪情。圆桌自助餐（Round Table Buffet）是赌城最大的，可容1500人同时就餐。在酒店里还可举行圆桌武士式的婚礼，伴娘、伴郎打扮成中古世纪的模样。

酒店外观

模拟的城堡造型

赌场入口

内部装潢也以中世纪古堡装饰风格为主。盔甲、烛灯、彩色玻璃窗和石头之类古堡里的装饰被运用在各处

LUXOR
卢 克 索 赌 场 度 假 酒 店

入口处的狮身人面像

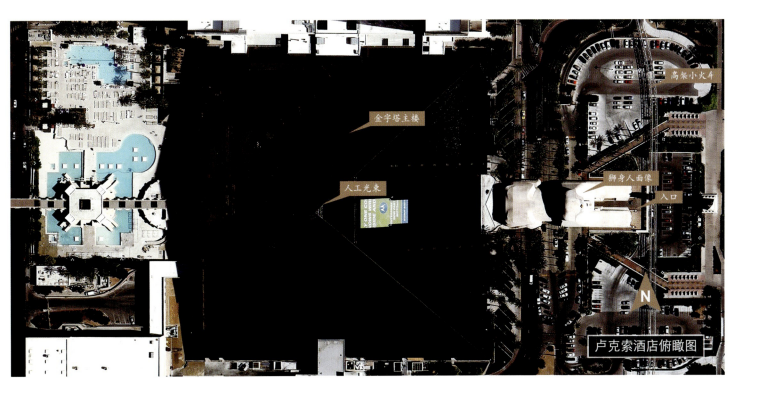

卢克索赌场度假酒店是以古埃及文明为主题设计的，名字来源于位于开罗以南700多公里处的尼罗河畔的卢克索（luxor）。作为古埃及帝国中王朝和新王朝（约公元前2040~前1085年）的都城，历代法老在这里兴建了无数的神庙、宫殿和陵墓。经过几千年的变迁，昔日宏伟的殿堂庙宇变成了残缺不全的废墟，但人们还是能够依稀想见它当年的雄姿，它是古埃及文明高度发展的见证。酒店的建筑外形呈金字塔造型，用总面积13英亩大的黑色玻璃幕墙贴面。入夜，整个酒店外观黑漆漆，给人静肃的神秘之感。金字塔顶端有一道据称是全球亮度最强的人工光束，从塔尖直穿云霄，远在250英里外的洛杉矶上空的飞机上都能清楚看到。金字塔在古埃及是永恒之光的象征，法老相信它是升天的途径。在卢克索酒店前，高架小火车的站口还有一座巨大的人面狮身雕像。日落后雕像双眼射出镭射光，再映至喷水池造成的水幕上，形成美妙的视觉效果。雕像下方即是酒店的入口。酒店于1992年4月开始兴建，建筑费用3.75亿美元，有12万平方英尺的赌场面积。

进入酒店大厅，堂中端坐着两个巨大的法老塑像，两侧站立着10位侍从，塑像的底部为水池。内墙上装饰有金字塔与古埃及神庙文物，以及国王墓地与皇后墓地所出土的象形文字的复制品。整体色调为土黄色。酒店有30层，客房沿四周而建，这样中间就有一个巨大的中庭，直通金字塔的顶端。客人搭乘以39度仰角沿着350英尺高的金字塔壁而建的倾斜电梯向上抵达客房。这是世界第一座这种形式的商用电梯，以"倾斜计"（Inclinator）称之的电梯。酒店的房间里陈列有埃及装饰品。赌场区位于大厅的中部，游泳池位于酒店西侧。酒店还有图特王大墓（King Tut's Tomb）。1922年霍华德·卡特（Howard Carter）发现的图特王大墓，举世闻名。此处乃仿建，大小、材料及摆设都尽量与实物相同。1200座的卢克索戏院（Luxor Theatre）是固定节目蓝人组（Blue Man Group）演出之处，其气氛诡异有趣，以特效、科技、喜剧、音乐及特殊音响融合而成，是个非常新奇和注重感官刺激的演出。迪斯科夜总会Club RA是个很酷、很时髦的舞厅，RA是埃及太阳神的名字。

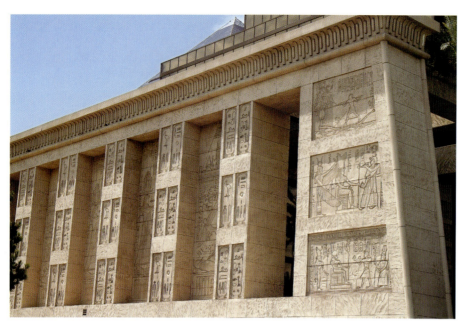

进入酒店大厅，堂中端坐着两个巨大的法老塑像，两侧站立着10位侍从，塑像的底部为水池。内墙上装饰有金字塔与古埃及神庙文物，以及国王墓地与皇后墓地所出土的象形文字的复制品。整体色调为土黄色

整个室内装饰都是以古埃及文明为主题设计的

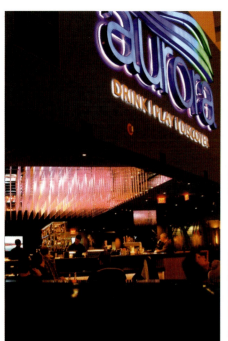

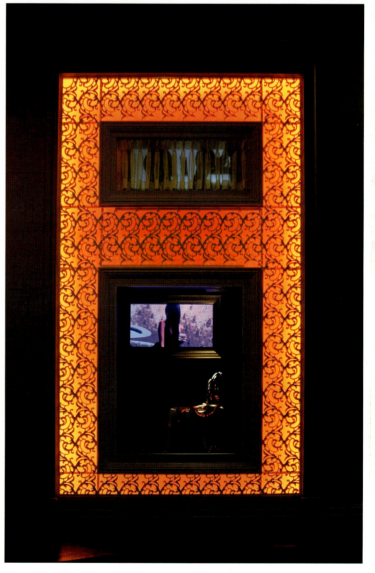

设计风格现代的酒吧、餐厅和商店

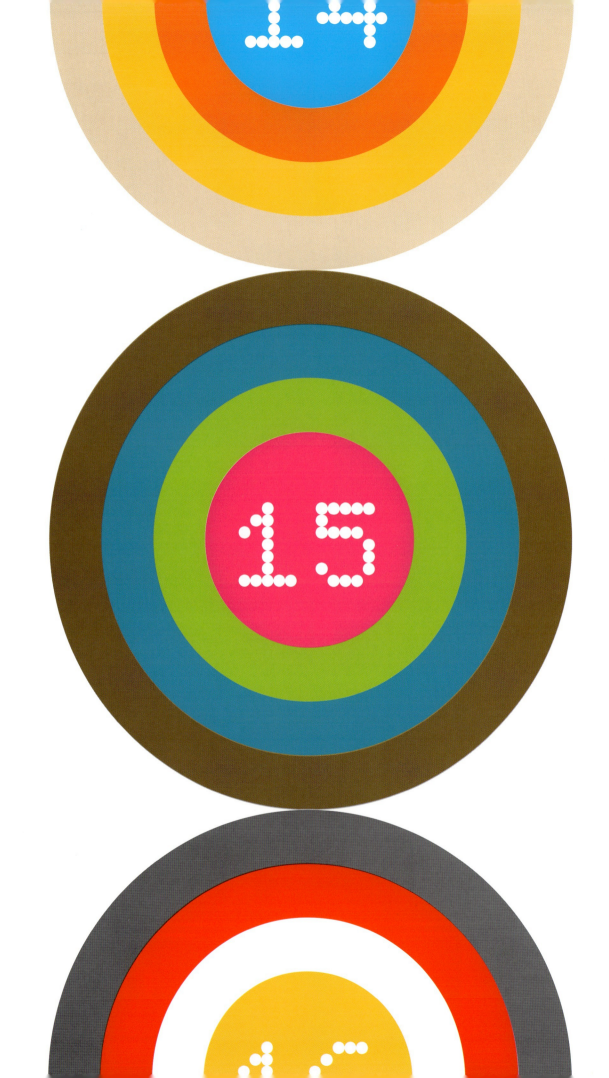

MONTE CARLO

蒙 特 卡 罗 赌 场 度 假 酒 店

蒙特卡罗赌场度假酒店位于拉斯韦加斯大街上的黄金地段，于1996年6月21日开业,共3.5亿美元的造价，系由幻景与马戏团两酒店集团合作投资。它有3000个客房。蒙特卡罗是法国南部，靠意大利边境的蔚蓝海岸边上的一个摩洛哥的豪华赌城。酒店以摩洛哥的赌场Place du Casino为蓝本设计建造的，因此取名蒙特卡罗。

酒店在靠拉斯韦加斯大道的入口处建有法国文艺复兴风格的拱门及喷水坛。拱门两侧采用拱券式内壁龛，壁龛内放置古典雕塑。

入口处拱门两侧采用拱券式内壁龛,壁龛内放置古典雕塑

有法国文艺复兴风格的拱门及喷水坛

酒店的自助餐厅的装饰具有伊斯兰风格

彩绘玻璃吊顶

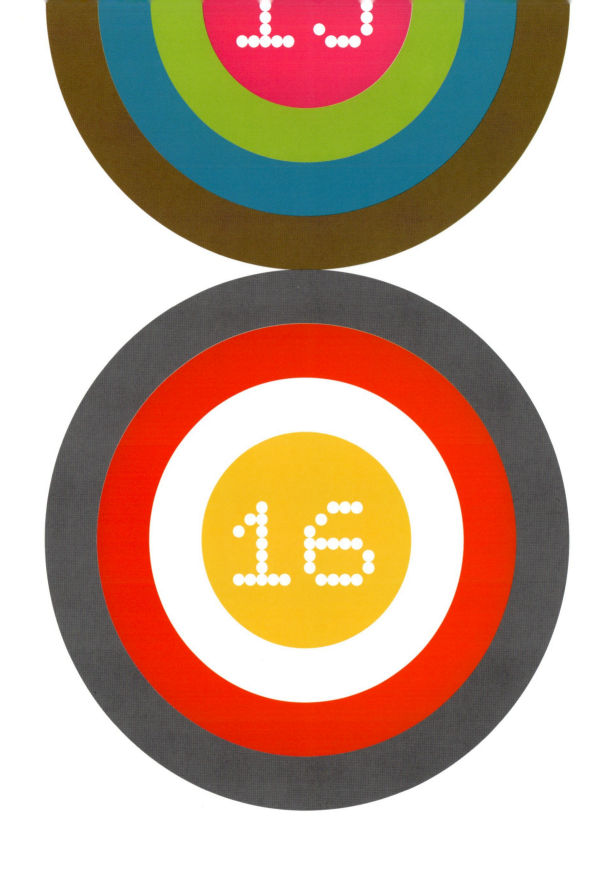

NEON LIGHT & STREET VIEWS

霓 虹 灯 与 街 景

Downtown Las Vegas的夜景

位于Bally's酒店前的装饰灯柱，色彩会不时的变化

金渣酒店前的霓虹灯装饰

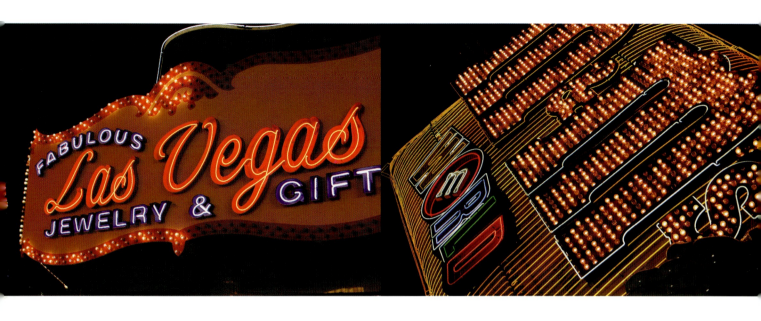

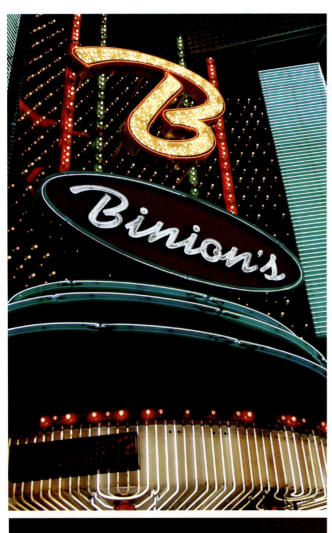

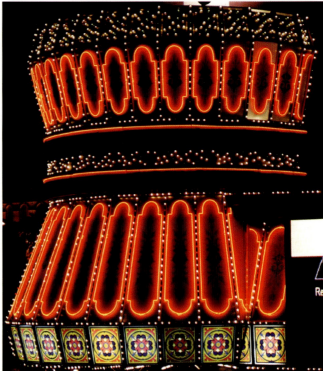

Veer Towers　　　　　　　　　　　　　　Mandarin Oriental

City Center Las Vegas

将于2009年完工的City Center是一个无论对于今天还是未来都可称得上理想的居所。这个城中之城坐落在蒙特卡罗酒店和百乐宫酒店之间的占地76英亩的拉斯韦加斯大道的核心地段。它的设计与建造是独一无二的，我们可以它的模式来重新定义城市的概念。这个项目由米高梅集团从2004年开始筹划，由一群有远见的天才设计师设计规划的。开始是由纽约的Ehrenkrantz, Eckstut and Kuhn （EEK）建筑设计事务所做主体的规划。为在这样一个高密集区域实现畅通的公共流通，米高梅集团遍访了当今世界著名的建筑设计所，并最终选了8家来共同设计，把City Center从一个设想变为现实。

从City Center的设计规划中可以看到这个适合工作、居住、娱乐的城中之城，不仅重视居住生活的高品质，又具备设计的长久性。另外，在绿色环保、节能以及人性化设计方面也是非常突出的。

拉斯韦加斯地处沙漠地带，水资源非常珍贵。这里的卫生间都采用了节水的设计，浇灌系统也都非常高效，为降低冷暖空

The Harmon　　　　　　　　　　　　　　　　　　　　　　　　　Vdara

调所带来的废气，设计了独特的室内空气净化系统。在采光上尽可能利用自然光，以及利用发电的余热来加热水的方式节约了能源。另外，还根据不同的功能设计出很多专用道和特殊区域（如优先的停车位、自行车车场等）。

为了创造出一个独特的氛围，在公共区域展示陈列了许多一流的艺术作品，有些是很现代的，有些是有很高的艺术价值的，有些是专为City Center而创作的。每件作品都被精心挑选，有着不同种风格，并根据其特点被摆放于适合其特征的环境中。这些艺术品把City Center变成了一个艺术的博物馆。不同的人来到这里，通过建筑本身、室内环境以及各种艺术陈列品得到不同程度的视觉艺术享受。置身在这个环境中，你从各个角度、各个位置都可以得到更深的感受。让这个环境吸引你，从而引发你更新的发现。

City Center 城市中心将会在2009完成,是一个占地76英亩的城中之城,一个理想的未来世界,一个结合生活、工作、娱乐一体的健康居所。它的建成将会给拉斯韦加斯增添一道亮丽的风景线。

图书在版编目(CIP)数据

装饰·拉斯韦加斯/刘凡编著.—北京：中国建筑工业出版社，2008
 ISBN 978-7-112-10528-1

Ⅰ.装… Ⅱ.刘… Ⅲ.饭店-建筑设计-美国-图集 Ⅳ.TU247.3-64

中国版本图书馆CIP数据核字（2008）第184375号

责任编辑：费海玲　张振光
责任设计：崔兰萍
责任校对：刘　钰　孟　楠
策　　划：刘凡　麻昌
摄　　影：刘凡
整体设计：刘凡

Las Vegas Inspiration
装饰·拉斯韦加斯
刘凡　编著
*
中国建筑工业出版社出版、发行（北京西郊百万庄）
各地新华书店、建筑书店经销
北京图文天地制版印刷有限公司制版
北京方嘉彩色印刷有限责任公司印刷
*
开本：880×1230毫米　1/16　印张：18 1/2　字数：565千字
2009年5月第一版　2009年5月第一次印刷
印数：1—2000册　定价：149.00元
ISBN 978-7-112-10528-1
　　　　　（17453）

版权所有　翻印必究
如有印刷质量问题，可寄本社退换

(邮政编码100037)